普通高等教育"十二五"部委级规划教材(本科)

天然纺织纤维初加工化学

王春霞　季　萍　主　编

刘　丽　张　伟　副主编

中国纺织出版社

内 容 提 要

本书在介绍天然纺织纤维的化学性质、羊毛杂质、纤维素伴生物、丝胶及蚕丝杂质的化学性质的基础上,阐述了天然纺织纤维初加工化学的原理及工艺。内容包括毛纤维的洗涤和炭化、麻纤维的脱胶、绢纺原料的精练原理及工艺过程。另外,还介绍了天然纺织纤维初加工化学助剂的基础理论知识。

本书可用于高等院校纺织工程专业的专业课教材,也可供纺织企业相关技术人员参考。

图书在版编目(CIP)数据

天然纺织纤维初加工化学 / 王春霞,季萍主编 . —北京:中国纺织出版社,2014.3(2024.7重印)

普通高等教育"十二五"部委级规划教材 . 本科
ISBN 978 - 7 - 5180 - 0105 - 7

Ⅰ.①天… Ⅱ.①王… ②季… Ⅲ.①天然纤维—纺织纤维—化学加工—高等学校—教材 Ⅳ.①TS102

中国版本图书馆 CIP 数据核字(2013)第 246108 号

策划编辑:朱萍萍 秦丹红 责任编辑:张晓蕾
责任校对:寇晨晨 责任设计:何 建 责任印制:何 艳

中国纺织出版社出版发行
地址:北京市朝阳区百子湾东里 A407 号楼 邮政编码:100124
销售电话:010—87155894 传真:010—87155801
http://www.c-textilep.com
官方微博 http://weibo.com/2119887771
三河市宏盛印务有限公司印刷 各地新华书店经销
2024 年 7 月第 6 次印刷
开本:787×1092 1/16 印张:9.75
字数:196 千字 定价:35.00 元

出版者的话

《国家中长期教育改革和发展规划纲要》中提出"全面提高高等教育质量","提高人才培养质量"。教高[2007]1号文件"关于实施高等学校本科教学质量与教学改革工程的意见"中,明确了"继续推进国家精品课程建设","积极推进网络教育资源开发和共享平台建设,建设面向全国高校的精品课程和立体化教材的数字化资源中心",对高等教育教材的质量和立体化模式都提出了更高、更具体的要求。

"着力培养信念执着、品德优良、知识丰富、本领过硬的高素质专业人才和拔尖创新人才"已成为当今本科教育的主题。教材建设作为教学的重要组成部分,如何适应新形势下我国教学改革要求,配合教育部"卓越工程师教育培养计划"的实施,满足应用型人才培养的需要,在人才培养中发挥作用,成为院校和出版人共同努力的目标。中国纺织服装教育协会协同中国纺织出版社,认真组织制订"十二五"部委级教材规划,组织专家对各院校上报的"十二五"规划教材选题进行认真评选,力求使教材出版与教学改革和课程建设发展相适应,充分体现教材的适用性、科学性、系统性和新颖性,使教材内容具有以下三个特点:

(1)围绕一个核心——育人目标。根据教育规律和课程设置特点,从提高学生分析问题、解决问题的能力入手,教材附有课程设置指导,并于章首介绍本章知识点、重点、难点及专业技能,增加相关学科的最新研究理论、研究热点或历史背景,章后附形式多样的思考题等,提高教材的可读性,增加学生学习兴趣和自学能力,提升学生科技素养和人文素养。

(2)突出一个环节——实践环节。教材出版突出应用性学科的特点,注重理论与生产实践的结合,有针对性地设置教材内容,增加实践、实验内容,并通过多媒体等形式,直观反映生产实践的最新成果。

(3)实现一个立体——开发立体化教材体系。充分利用现代教育技术手段,构建数字教育资源平台,开发教学课件、音像制品、素材库、试题库等多种立体化的配套教材,以直观的形式和丰富的表达充分展现教学内容。

教材出版是教育发展中的重要组成部分,为出版高质量的教材,出版社严格甄选作者,组织专家评审,并对出版全过程进行跟踪,及时了解教材编写进度、编写质量,力求做到作者权威、编辑专业、审读严格、精品出版。我们愿与院校一起,共同探讨、完善教材出版,不断推出精品教材,以适应我国高等教育的发展要求。

中国纺织出版社
教材出版中心

前言

纺织加工中用到的化学知识较多,如高分子化学基础、合成纤维、纤维素纤维加工化学、蛋白质纤维加工化学、表面活性剂、浆料和黏合剂在非织造布中的应用等,内容很广,作为一门非专业主干课程承载不了这么多的内容。事实上很多内容在专门的课程中都有讲解,如高分子化学基础,合成纤维有专门的学科体系,浆料和黏合剂在其他专业课中都是主要的教学内容。

本书主要包括天然纤维的化学性质、天然纤维初加工用化学助剂、毛纤维初加工化学、麻纤维初加工化学、绢纺原料初加工化学五大部分,教材内容尽量避免与前、后续课程知识点的重复,在天然纤维的化学性质中,主要介绍与纤维初加工有关的化学性质,在天然纤维初加工化学中,在介绍初加工化学原理的基础上,强化了加工工艺的介绍。

本书由盐城工学院教材出版基金资助,由盐城工学院纺织服装学院教师编写,编写人员共同参与本书的策划和编写大纲的确定,全书最后由季萍和王春霞修改定稿。具体分工如下:

第一章天然纤维的化学性质由王春霞编写;第二章天然纤维初加工用化学助剂由季萍、王春霞编写;第三章毛纤维初加工化学由季萍编写;第四章麻纤维初加工化学由刘丽编写;第五章绢纺原料初加工化学由张伟编写。

除了上述执笔人员外,秦卫兵、林洪芹、马志鹏、吕景春、宋晓蕾、陆振乾、王玮玲、刘国亮、高大伟和贾高鹏等同志提供了有关资料和数据,袁淑军、毕红军、吕立斌和宋孝浜对本书提出了很多宝贵意见,在此一并致以谢意。

限于编者水平有限,本书内容可能有不够确切、完整之处,恳请读者指出。书中参考了其他教材和专业资料,在此对参考文献作者谨表示感谢。

编者
2013 年 10 月

课程设置指导

课程名称:天然纺织纤维初加工化学

适用专业:纺织工程专业

总 学 时:40

理论教学时数: 32

实验(实践)教学时数:8

课程性质:本课程为纺织工程本科专业的专业主干课,是必修课。它与《纺织化学基础》、《纺织材料学》、《纺纱工程》、《染整技术》等课程有密切的关系。

课程目的:

1. 掌握天然纺织纤维的化学性质及天然纺织纤维初加工用化学助剂的基本知识。

2. 掌握毛纤维、麻纤维、绢纺原料的初加工的主要工艺过程、设备及工艺参数。

课程教学的基本要求:

教学环节包括理论教学、实验教学、作业和考试。通过各教学环节,使学生掌握天然纺织纤维初加工化学的基本知识,提高学生分析问题、解决问题的能力。

1. 理论教学 32学时。教师按教学目的与要求进行授课,对教学的重点和难点进行充分研究并运用一定的多媒体手段辅助教学。

2. 实验教学 8学时。通过实验教学,使学生掌握实验所用仪器设备的操作方法,并得到天然纤维初加工实验技能的训练。每次实验后写出实验报告,根据所学理论知识对所得实验数据进行详细分析,对结果有较为全面的讨论。

3. 作业 每个章节教学完成后布置作业,作业尽量系统反映该章的知识点,要求学生按时完成作业,老师及时批改和讲评。

4. 考核 考试采用闭卷方式,题型一般包括填空题、名词解释、判断题、简答题和分析题。

成绩评定:平时(出勤、课堂、作业)30%、实验10%、期末60%。

理论教学学时分配

章 数	讲授内容	学时分配
第一章	天然纺织纤维的化学性质	8
第二章	天然纺织纤维初加工用化学助剂	6
第三章	毛纤维初加工化学	6
第四章	麻纤维初加工化学	6
第五章	绢纺原料初加工化学	6
	合计	32

实验教学学时分配

序 号	实验内容	学时分配
1	氧化剂对棉纱中纤维素纤维的作用	4
2	麻的氢氧化钠脱胶处理	4
	合计	8

目录

第一章　天然纺织纤维的化学性质

本章知识点

1. 纤维素纤维的分子结构、超分子结构。
2. 酸、氧化剂、碱对纤维素作用的基本理论,纤维素的酯化、醚化反应。
3. 蛋白质的化学组成,蛋白质空间构象及维系蛋白质分子构象的键。
4. 蛋白质的两性性质,酸、碱、氧化剂、还原剂、盐类、微生物、温度、水及蒸汽对蛋白质纤维的作用。
5. 天然纤维的电化学性质,天然纤维在溶液中的扩散双电层及动电电位的影响因素。

第一节　纤维素纤维的化学性质

一、纤维素纤维的结构

纤维素在自然界中的分布很广,是植物中含量最广泛、最普遍的物质之一,是构成植物细胞壁的基础物质。它常和半纤维素、果胶物质、木质素等混合在一起构成植物纤维的主体。由纤维素组成的纺织纤维是纺织工业的重要原料之一。工业上所使用的纤维素纤维,有的来自种子,如棉花;有的来自韧皮,如苎麻、亚麻、黄麻及洋麻等;有的则来自植物的叶,如龙舌兰麻及蕉麻等。各种来源不同的纤维素纤维中,所含纤维素的量是不同的,例如,麻类韧皮中纤维素的含量仅有 $65\%\sim75\%$,棉纤维中纤维素含量为 $92\%\sim95\%$,因此,在纤维素纤维初加工中,麻纤维需要脱胶处理,而棉纤维不需要。

纤维素纤维的结构是指组成纤维素纤维的结构单元相互作用达到平衡时的几何排列。主要包括分子结构和聚集态结构。在平衡状态下分子中原子的几何排列称作分子结构,或化学结构;而分子与分子之间的几何排列称作超分子结构,或称作聚集态结构,相对来说称作物理结构。

(一)纤维素的化学结构

不论纤维素来源有何不同,它们的化学组成和结构都是一样的,其化学式为 $(C_6H_{10}O_5)_n$, n 为聚合度,结构式为:

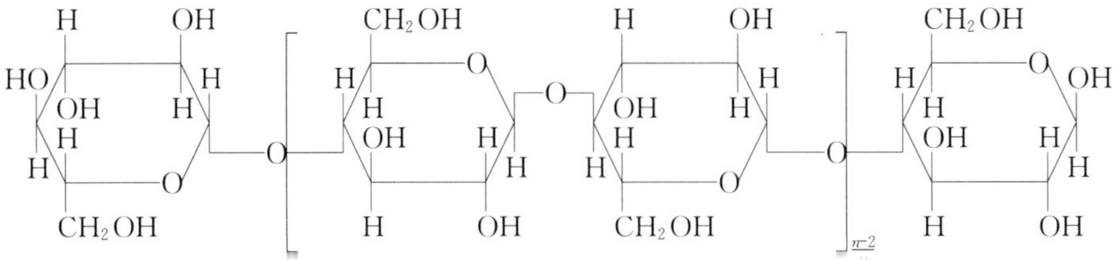

纤维素属于多糖类物质,是由 D-葡萄糖(β 型)单元,通过 1-4 苷键互相连接而成的直链型高分子化合物,相对分子质量为 160000~240000。在每一个葡萄糖基环上有三个羟基,其中一个为伯羟基,位于第六位碳原子上,两个为仲羟基,分别位于第二位及第三位碳原子上。在纤维素的基本组成中,碳、氢、氧含量分别为 44.4%、6.17% 和 49.39%。常见纤维素纤维的聚合度如表 1-1 所示。

表 1-1　常见纤维素纤维的聚合度

种类	端基测定法	超离心机法	黏度法	
			铜氨溶液	硝酸酯丙酮溶液
棉	3250	10800	2520	7800
苎麻	4600	12400	2100	6500
亚麻	—	36000	3300	8000

(二)纤维素的超分子结构

由于天然纤维素纤维的来源和生长的不同,造成不同纤维素纤维的超分子结构不同。根据大分子排列状态不同,结构中包含结晶态和非晶态,大分子有规律地整齐排列的状态叫结晶态,纤维中呈现结晶态的区域叫结晶区。大分子不呈现规则整齐排列的部分形成非晶态,纤维中呈现非晶态的区域叫非结晶区(无定形区)。

宏观上讲,上述结构特征可以从两个方面来表示:一方面表示纤维素大分子结晶区含量大小的指标为结晶度,所谓结晶度就是纤维素中的结晶区重量对纤维素总重量的百分比。另一方面表示大分子排列方向与纤维轴向关系的指标为取向度,所谓取向度就是大分子排列方向与纤维轴向的夹角。常见纤维素纤维的结晶度和取向度如表 1-2 所示。

表 1-2　常见纤维素纤维的结晶度和取向度

纤维种类	结晶度(%)	取向度(°)
棉	60~70	20~30
麻	>70	7~8

麻纤维的结晶度、取向度均较高,纤维的刚性太大、硬挺,服用麻织物有刺痒感,影响穿着的舒适性,利用化学或物理方法对麻纤维加以处理,降低其结晶度和取向度,改善其穿着舒适性。

纤维的取向度和结晶度较低时,结构如图 1-1(a)所示,纤维的取向度和结晶度较高时,结构如图 1-1(b)所示。

 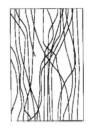

(a) 取向度和结晶度较低纤维结构　　　　(b) 取向度和结晶度较高纤维结构

图 1-1　纤维素纤维的超分子结构

由图 1-1 可知,纤维结构中包含结晶态和非晶态两部分。有些大分子片段排列整齐,形成结晶区,有些大分子片段排列紊乱,形成非结晶区。在结晶区中,数根大分子片段以某种形式较整齐地沿其长度方向平行排列。在两个结晶区之间,可由缚结分子进行连接,并由缚结分子进行无规则的排列构成非晶区。每个大分子可能间隔地穿过几个结晶区和非晶区,大分子之间的结合力及大分子之间的缠结将其相互联结在一起,缚结分子把各结晶区联系起来,结构比较松散紊乱的非晶区把各结晶区间隔开来,使纤维形成一个疏密相间而又不散开的整体。

纤维素的结晶度和取向度影响其许多性质,纤维的强度、弹性、对溶剂的渗透性、溶胀能力、反应能力和柔韧性都取决于结晶度和取向度的大小。通常通过测定非结晶区(无定形区)的大小来表征凝聚态,非结晶区(无定形区)的大小可通过测定它们的吸水能力、水解速度等指标的方法得到,应用不同的测定方法得到的结果可能各不相同,有的甚至差异很大。

二、纤维素纤维的化学性质

从纤维素的化学结构可知,纤维素是由无水 D-葡萄糖以 β-1,4-苷键连接而成的多糖类直链高分子化合物。纤维素发生化学反应主要有两类,一类是与大分子截短有关的反应,另一类是与羟基有关的反应。

与大分子截短有关的反应是与苷键有关的反应,主要是水解剂与苷键相互作用,在一定条件下引起苷键断裂,致使纤维素大分子截短,聚合度下降。与羟基有关的反应主要是不同的试剂能与葡萄糖基环中的羟基发生反应,生成不同的纤维素衍生物,但由于伯羟基与仲羟基的化学反应性能不同,它们在与不同的试剂作用时,其化学反应过程及产物也不同。目前对麻、棉纤维改性通常都是与纤维素大分子的羟基有关的反应。

研究纤维素化学反应的目的在于利用纤维素的化学性质,防止和克服纤维素纤维在化学加工中(如苎麻的脱胶工程)的不利因素,改善纤维素纤维的品质,提高可纺性,取得某些特殊性能。

(一)酸对纤维素的作用

1. 纤维素水解的基本理论　苷键对酸溶液和高温水的作用不稳定,纤维素在酸溶液中,特别是强无机酸溶液及在高温水作用下都会发生水解作用,使纤维素大分子苷键断裂,聚合度下降,其反应过程为:

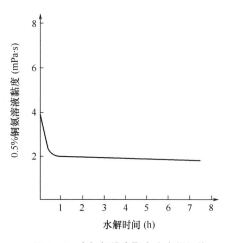

可见，水解过程中，1,4-苷键断裂，在前一个葡萄糖基环的第一个碳原子上形成一个苷羟基(隐醛基)，而在另一个葡萄糖基环的第四个碳原子上形成一个羟基。在完全水解的条件下，纤维素大分子中的所有苷键全部断裂，最终完全转化为葡萄糖。

在高温条件下，纤维素可与水直接发生水解，不需要借助酸的催化作用，但在这种情况下，纤维素水解速度很慢，即葡萄糖基环间苷键的断裂速度很小。

在无机酸作用下，纤维素的水解速度较快，酸是一种催化剂，它能降低水解反应的活化能，因而水解速度快，特别是强无机酸更加明显。随着水解程度的增加，纤维素的聚合度降低，在碱液中的溶解度增大，力学性能显著下降。因此，在麻纤维的化学脱胶工程中，需控制好酸处理过程，否则这一过程掌握不好很容易使麻纤维发生水解，破坏麻纤维的力学性质。

2. 纤维素水解过程的基本规律　影响纤维素水解的因素有酸的种类、水解的温度、介质的条件等。用 $1.25mol/L$ H_2SO_4，在 $100℃$ 下水解纤维素，测其 0.5% 铜氨溶液黏度来表征其聚合度，如图 1-2 所示为水解纤维素聚合度的变化规律。

由图 1-2 可知，15min 之后，用黏度法测得的聚合度已下降了很多，继续延长水解时间聚合度已不再显著降低。因此，纤维素纤维水解过程的基本规律为：在水解初期，水解速度很快，聚合度下降也快，经过一段时间后，水解速度迅速下降，并在多数情况下维持恒定，直至反应终了。这是因为：其一，纤维素大分子中葡萄糖基间的 1,4-苷键对同一种酸的稳定性不尽相同(有弱连接的地方存在)，即苷键对酸作用的稳定性不均一。其二，纤维素的结构不均一，在无定形区域纤维素易发生水解，而在结晶区不易水解。因此，就整体而言，纤维素对酸的水解作用是不均一的，水解速度变化有一定的规律性。

图 1-2　水解纤维素聚合度变化规律

3. 纤维素水解后性质的变化　纤维素的水解产物统称水解纤维素，水解纤维素不是一种固定的产物，也不是一种单一的产物，它是随水解程度的增加或纤维素聚合度的降低所得的一种混合物,其化学组成与纤维素相同。在水解过程中,纤维素吸湿性的变化规律如图1-3所示。

由图1-3可知,初期纤维素的吸湿性随时间的增加而迅速降低,之后逐步回升。水解初期,纤维素大分子中的无定形区很快地被破坏,而无定形区的吸湿性是最强的。水解的中后期,纤维素被水解后,水解产物中所含的羟基等亲水性基团大为增加,因而,使水解产物的吸湿性得以恢复并随水解过程的进行而不断增加。这两种因素是同时存在而又相互影响的。在水解初期以无定形区的破坏为主,在水解的中、后期以水解纤维素中羟基增加的影响为主。

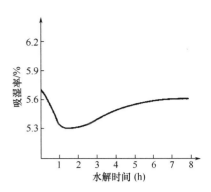

图1-3 1.25mol/L H_2SO_4 水解
纤维素时吸湿性变化规律

随着纤维素水解程度的增加,水解产物的组成发生了变化,如图1-4所示,其聚合度下降,铜值、碘值及水溶性物质含量上升,羧基含量基本不变。

随着纤维素水解程度的增加,纤维素的力学性能发生变化,如图1-5所示,纤维的聚合度和强度下降,纤维素在碱中的溶解度提高。在麻纤维化学脱胶工程中,应尽量防止水解纤维素的生成。

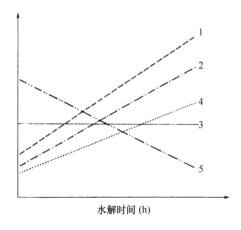

图1-4 水解过程中纤维素性质的变化

1—铜值 2—碘值 3—羧基含量
4—水溶性物质含量 5—聚合度

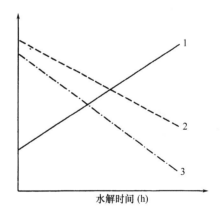

图1-5 纤维素在碱中溶解度、聚合度及
纤维强度的变化

1—碱中溶解度 2—聚合度 3—纤维强度

(二)氧化剂对纤维素的作用

被氧化剂氧化的纤维素称为氧化纤维素,氧化纤维素不是单一的物质。在纤维素大分子中的每个葡萄糖基环上有三个性质活泼的醇羟基(一个为伯羟基,两个为仲羟基),在氧化剂的作用下,氧化反应不仅能够发生在葡萄糖基环中两种性质不同的羟基上,还能发生在葡糖糖基环之间的苷键部位,使苷键被氧化断裂,聚合度降低。由于氧化反应的历程和产物各不相同,氧化纤维素无论是在结构上还是在化学组成上都是不均一的产物,性质有相当大的差异。

伯羟基(—CH_2OH)可氧化成醛基(—CHO),生成的醛基还可进一步氧化成羧基

（—COOH）：

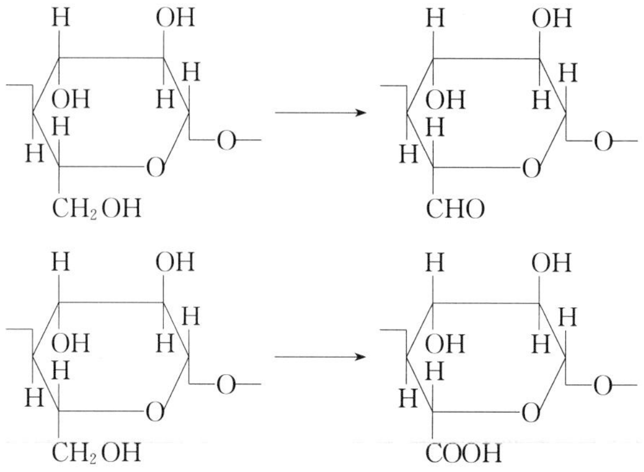

仲羟基（—CH$_2$OH）可氧化成羰基（$\diagdown$C=O），可以氧化为醛基并使基环开裂：

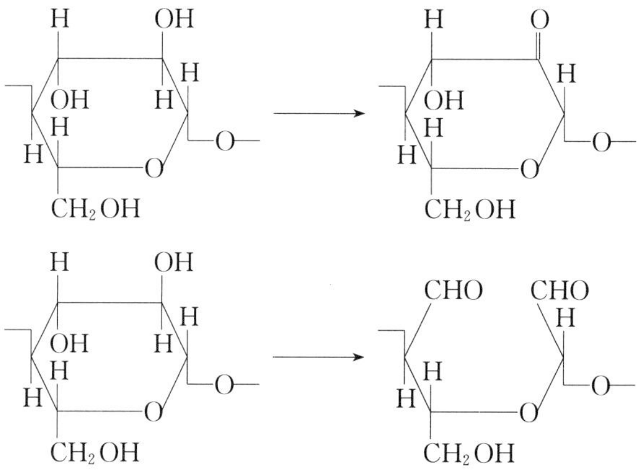

或者在几种氧化剂的联合作用下，将氧化仲羟基所生成的醛基继续氧化为羧基：

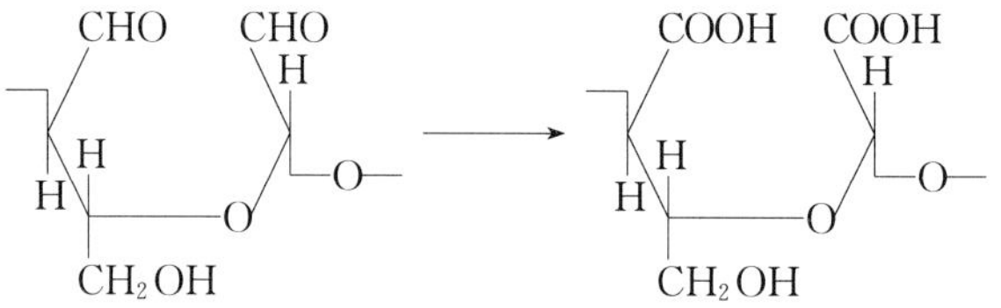

纤维素在不同氧化剂作用下或者在不同氧化条件下进行氧化，可以得到两种类型的氧化纤维素。在酸性或中性条件下氧化时，所得到的氧化纤维素含有较多的羰基，称为还原性氧化纤维素，在碱性条件下氧化时，所得到的氧化纤维素含有较多的羧基，称为酸性氧化纤维素。这两种氧化纤维素具有共同的性质：氧的含量增多，即羰基、羧基含量增多，则亲水性提高，但分子链中的苷键对碱的稳定性下降，在碱液中的溶解度增加。

还原性氧化纤维素具有以下特点：铜值和碘值增加；能与羰基反应的物质作用；在稀碱溶液中加热时，损失量大；羧基含量低，不易吸收碱性染料。

酸性氧化纤维素具有以下特点：羧基含量较原纤维素中的含量高；易吸收碱性溶液；铜值和碘值降低。

在苎麻化学脱胶工程中,防止氧化纤维素生成,可以采取以下几项措施:

(1)碱液煮练时可采用较大的浴比,使麻束浸没于碱液液面之下,不与空气直接接触。因为在碱性介质条件下,空气中的氧气可直接氧化纤维素,将麻束浸没于碱液液面之下,不与氧气接触,这样不仅可以减少氧化纤维素的生成,也可提高苎麻脱胶的均匀度及精干麻的品质。但增加煮练的浴比会使煮锅产量降低。

(2)使用压力锅煮练时,应先将压力锅中的空气排出后再进行加压煮练。这样一方面可减少和防止氧气与麻接触而产生氧化纤维素,另一方面可增加碱液温度,有利于提高煮练麻的质量。

(3)使用一定量的还原剂,用以保护纤维素不被氧化,通常在煮练碱液中加入 Na_2SO_3、$NaHSO_3$ 等还原剂。

(4)在漂白工艺中,应注意正确地选择与控制漂白的工艺参数,以尽量避免损伤纤维素。

(三)碱对纤维素的作用

苷键对碱的作用具有相当高的稳定性,因而常温下,稀碱对纤维素基本没有影响。纤维素大分子由于有羟基的存在,与浓碱作用,纤维素会发生化学变化、物理化学变化和结构变异:

(1)化学变化即生成碱纤维素(往往是制备纤维素酯或纤维素醚的中间产物)。

(2)物理化学变化即溶胀、溶解,使纤维变得富有弹性和光泽,也可以使纤维素中的低聚合度部分发生溶解,提高纤维素分子量的均一性,改善纤维的力学性能。

(3)结构变异即大分子中的葡萄糖基环之间的相互位置发生改变。

1. 碱纤维素的形成与组成

(1)理论进行方式。在理论上,可按生成分子化合物和生成醇化物型的化合物两种方式进行。

①生成分子化合物。

②生成醇化物。

当纤维素与浓碱溶液作用时,随着反应条件的不同,既可能生成分子化合物,也可能生成醇化物,这是因为羟基的位置不同,对碱溶液有不同的反应能力。

参与反应的羟基数一般用 γ 值表示。γ 值是纤维素在各种酯化、醚化、取代反应及化合反应等过程中,每 100 个葡萄糖基环内起反应的羟基数。由于每个葡萄糖基环内有三个羟基,故 γ 值最大值为 300。

γ 值的大小决定于碱与纤维素大分子中羟基结合反应的速度与生成新的化合物的水解反应速度的比值。

(2)影响碱纤维素生成和组成的因素。

①氢氧化物的种类。氢氧化钠或其他金属氢氧化物与纤维素作用时都能生成碱纤维素,其所需的氢氧化钠的最低浓度如表 1-3 所示。

表 1-3 生成碱纤维素所需的最低碱液浓度

氧化物种类	LiOH	NaOH	KOH	RbOH	CsOH
最低浓度(g/100mL)	9.5～10.5	15～16	24～26	38	43

②处理温度。形成碱纤维素的反应是放热反应,温度降低时,化合物的形成反应速度比水解反应速度快,有利于碱纤维素的形成,即在低温下处理可以降低碱液的浓度,如表 1-4 所示。

表 1-4 处理温度对纤维素 γ 值的影响

NaOH 浓度(g/L)		45	110	210	330
γ 值	20℃	20	60	95	120
	-4℃	24	100	155	160

③碱液浓度。在同一条件下,碱液浓度对所生成的碱纤维素的组成有很大影响。碱液的浓度越高,化合物的形成反应越快,纤维素的 γ 值越高。

④溶剂的种类。配制碱溶液所用的溶剂对纤维素 γ 值同样有很大的影响。这是因为使用碱溶液的溶剂性质会影响碱纤维素水解作用的大小。如果使用碱的醇溶液,则生成碱纤维素的 γ 值高于同一浓度下与碱的水溶液生成碱纤维素的 γ 值。在 20℃下生成 $\gamma=100$ 的碱纤维素所需氢氧化钠的最低浓度如表 1-5 所示。可见,随着醇溶剂分子量的增加,所需氢氧化钠的最低浓度逐步降低。

表 1-5 在 20℃下生成 $\gamma=100$ 的碱纤维素所需氢氧化钠的最低浓度

溶剂	水	乙醇	异丁醇	异戊醇
NaOH 最低浓度(g/L)	16～18	3.5	3.1	2.8

⑤纤维素材料的来源。在同一条件下,纤维素材料来源不同,碱纤维素生成和组成也不同。

2. 纤维素的溶胀和溶解 纤维素与浓碱作用后,所生成的碱纤维素能在一定条件下发生溶胀。碱处理使纤维素分子间的作用削弱,分子取向度和结晶度降低,非晶区增大,密度降低,形成较疏松的聚集结构。

纤维素的溶胀包含两个阶段,即水化阶段和溶胀阶段。水化阶段,纤维素与碱液发生作用,同时伴有放热现象,但纤维素的体积并无变化。溶胀阶段,纤维素在碱溶液中能产生最大的溶胀量,纤维素的重量可为原重量的200%,同时产生放热现象。放热量的大小随碱液浓度的增加而增加。

纤维素的溶解通常指纤维素的无限溶胀,即在一定条件下纤维素可溶解在氢氧化钠溶液中。纤维素在碱溶液中的溶解度与其聚合度有关,随着纤维素聚合度的降低,纤维素在碱溶液中的溶解度增加,聚合度较高的纤维素是不溶于碱溶液中的,纤维素在氢氧化钠溶液中溶解情况如表1-6所示。

表1-6　纤维素在NaOH溶液中的溶解情况

NaOH浓度(%)	18	18	10	10	10
温度(℃)	20	0	20	0	-10
溶解在碱溶液内纤维素的最大聚合度	150~200	200~250	200~250	250~300	300~350

影响纤维素溶胀的主要因素:

(1)碱的种类。各种碱金属氢氧化物对纤维素的溶胀作用与碱金属阳离子半径及其水化度有关。这是因为纤维素与碱溶液作用时,发生碱金属离子与纤维素之间的结合作用,结合的碱金属阳离子能吸收水分子并与之结合,这就是阳离子的水化作用。水化度指阳离子在无限多量的水中所结合的水的物质的量。各种碱金属的离子半径和水化度如表1-7所示。显然,离子半径越小,水化度越大,对纤维素的溶胀作用也越大。各种碱金属离子对纤维素的溶胀作用的大小如表1-8所示。

表1-7　碱金属的离子半径和水化度

离子种类	Li^+	Na^+	K^+	Rb^+	Cs^+
离子半径(nm)	0.078	0.098	0.133	0.146	0.166
水化度	120	66	16	14	13

表1-8　碱金属氢氧化物对棉纤维溶胀作用的影响

试剂	LiOH	NaOH	KOH	RbOH	CsOH
碱液浓度(g/100g)	9.5	18	32	38	40
纤维直径增大率(%)	97	78	64	53	47

(2)处理温度。因为纤维素的溶胀过程是放热过程,所以随着温度的降低,纤维素在碱溶液中的溶胀作用也逐渐增加。处理温度对棉纤维溶胀作用的大小如表1-9所示。

表1-9　处理温度对棉纤维溶胀作用的影响

温度(℃)	18	0	-10
纤维直径增大率(%)	10	48	66

（3）碱液浓度。图1-6为不同温度下苎麻纤维的溶胀度与氢氧化钠溶液浓度的关系。

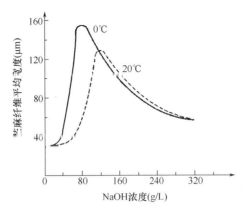

图1-6　苎麻纤维溶胀度与NaOH溶液浓度的关系

由图1-6可知,碱液浓度对纤维素溶胀的影响规律为:开始阶段随着碱液浓度的增加纤维的溶胀度增加,在某一浓度下纤维素的溶胀度达到最大值,之后溶胀度又随着碱液浓度的增加而逐步降低。这是因为在一定的温度下,随着碱液浓度的增加,溶液中Na^+的数量也增加,纤维素结合的水分子量增加,溶胀度增加,一直达到最大值。而当碱液浓度超过某一界限时,虽然溶液中Na^+的数量仍在增加,但能够结合的水分子量相对减少,使得纤维素的溶胀度反而随着碱液浓度的增加而减少。

纤维素达到最大溶胀度时的氢氧化钠浓度与原纤维素的种类有关,如表1-10所示。

表1-10　纤维素在25℃条件下达到最大溶胀度时氢氧化钠的浓度

材料	棉	苎麻
NaOH浓度（%）	18	14～15

（4）添加物的种类。当氢氧化钠溶液的浓度超过使纤维素达到最大溶胀度的浓度时,氢氧化钠溶液中加入能降低Na^+水化作用的盐（如$NaCl$、Na_2SO_4等）,即可降低溶胀。溶液中Na^+的数量增加,但结合的水分子量相对减少,纤维素的溶胀度减少。

3. 碱处理后纤维素纤维性质的变化　纤维素经碱溶液处理后,在一定条件下生成碱纤维素并发生溶胀作用。纤维素溶胀后内部的大分子间的横向联结削弱,分子链的取向度降低,无定形区加大,结晶度下降,纤维素的结构变得比较疏松,纤维素的吸附性能和化学反应能力发生变化,也使纤维素纤维的力学性能发生变化,这些变化主要有以下几点:

（1）碱纤维素的吸水能力和对染料的吸附能力增加。

（2）碱纤维素对各种化学试剂作用的稳定性降低,提高了它的化学反应能力。化学反应主要发生在无定形区,因为纤维素变为碱纤维素并发生溶胀后,纤维素大分子的取向度受到破坏,氢键被削弱,增大了纤维素大分子间的距离,使得各种化学试剂容易渗入到纤维素结构的内部。

（3）碱纤维素的弹性增大,延伸性增加,强力降低。碱纤维素的弹性及延伸性增大的原因与化学反应能力提高的机理相同,是由于无定形区增大的关系。而强力降低主要是由于纤维素结晶度下降而引起的。另外,在碱液处理过程的氧化作用和水解作用导致纤维素大分子中的苷键断裂、聚合度下降也引起强力降低,同时碱纤维素溶胀时,由于纤维素结构的不均一性,使纤维素大分子的溶胀力也不均一,降低了对外界机械拉伸作用的承受能力而导致强力降低。

(四)纤维素的酯化、醚化反应

由于纤维素大分子中具有羟基,纤维素可以发生酯化、醚化反应,生成纤维素的酯和纤维素醚。又由于伯羟基与仲羟基的反应能力不同,酯化、醚化的反应条件及其产物的性质也不同。纤维素大分子中羟基上的氢被羧基所取代生成的是纤维素酯,而被烃基取代所生成的产物是纤维素醚。纤维素酯和纤维素醚的化学性质和力学性能都不同于原纤维素的性质。在酯化、醚化反应中采用不同的酯化剂或醚化剂,能得到各种特性的纤维素衍生物,能够得到具有独特风格和用途的产品。纤维素酯化、醚化反应常用于苎麻纤维的改性。

在纤维素的酯化、醚化反应中,酯化、醚化试剂开始容易渗入纤维素的无定形区或取向度较低的部分,以后反应逐步向取向度较高的部分进行。为提高纤维素的酯化、醚化反应的均一性,要对纤维素进行预溶胀,使纤维素大分子间的联系变弱,从而提高酯化、醚化试剂向纤维素内各部分的扩散速度。

制取纤维素醚时,通常用氢氧化钠的浓溶液预先溶胀纤维素。对纤维素进行乙酰化或制取纤维素酯时,通常用酸,尤其是冰醋酸预先溶胀纤维素。当酯化、醚化试剂的混合物组成中含有使纤维素发生强烈溶胀的成分时,可直接在酯化、醚化反应过程中溶胀纤维素。

1. 纤维素的酯化反应 酯是羧酸中羧基上的羟基被烷氧基取代后的产物,酯是由羧酸与醇作用,脱去水分子生成的化合物。

(1)黄化反应。是碱纤维素与二硫化碳作用生成纤维素黄原酸酯的反应,其反应过程为:

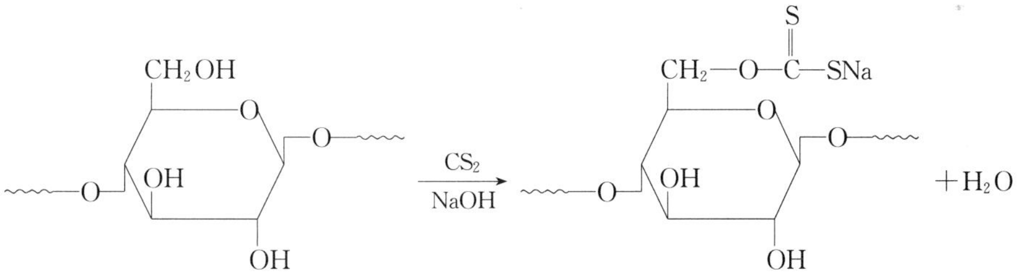

或

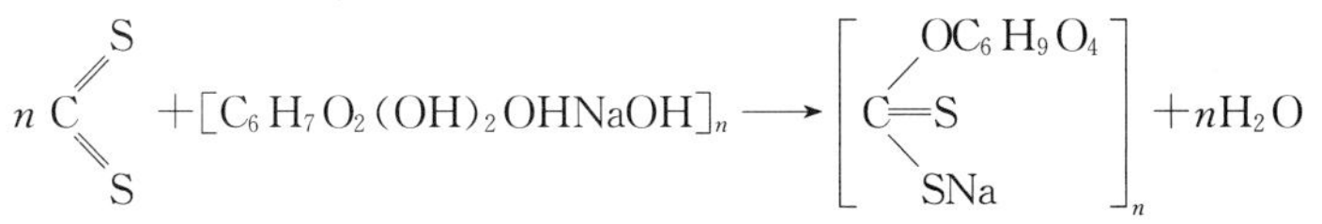

在工业上,纤维素黄原酸酯主要用于黏胶纤维的生产,也适用于苎麻纤维。

(2)硝化反应。是纤维素与硝酸在浓硫酸的作用下生成纤维素硝酸酯的反应,其反应过程为:

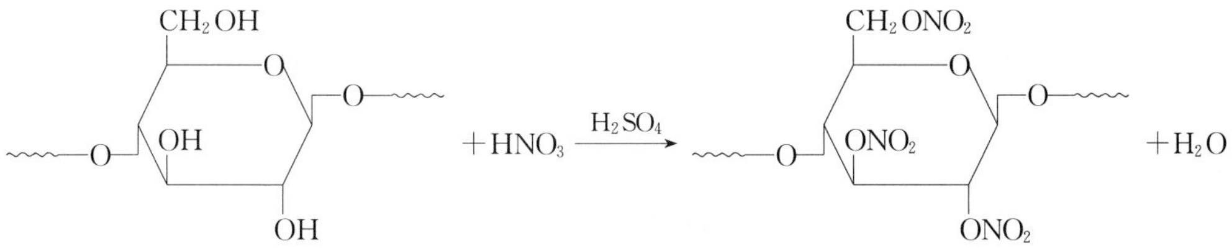

由于这一反应过程是可逆反应过程,所以需在硝酸溶液中加入一定量的浓硫酸溶液。一方

面是浓硫酸可吸收反应中生成的水分,促使反应向正方向进行,同时浓硫酸与水化合时放出热量有利于酯化反应的进行;另一方面硫酸能使纤维素发生溶胀,增加硝酸的扩散速度,加快硝化反应。调整硝酸、硫酸及水的不同比例,可得到不同硝化度的硝化纤维素,用以制造火药、塑料、喷漆、火棉胶。

(3)乙酰化反应。是醋酸化剂(冰醋酸、氯乙酰、烯酮、醋酸酐等)与纤维作用生成醋酸纤维素的反应,其反应过程为:

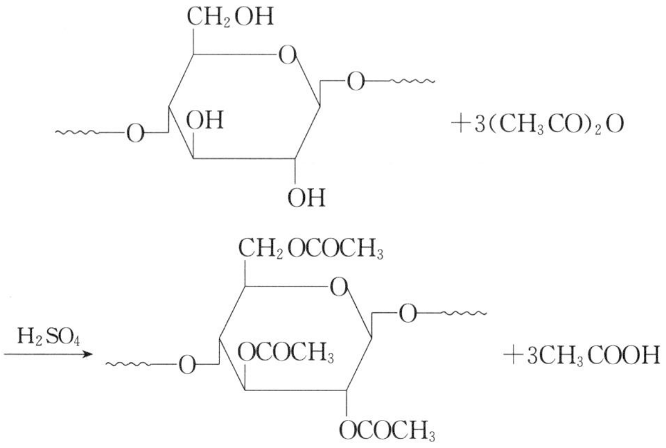

醋酸纤维素主要用来制造醋酸人造丝,其特点是不易燃,光稳定性强,相对密度小、耐热性及弹性好。

(4)丁酸醋酸纤维素。丁酸醋酸纤维素是一种混合酯,可以改善纤维素酯的各种性质。由其制造的人造丝,具有比醋酸纤维和黏胶纤维更为优良的特征,易染色,色彩鲜艳,耐湿耐磨,不易折皱变形。

2. 纤维素的醚化反应   纤维素中的羟基能与某些试剂在碱性条件下起醚化反应生成相应的纤维素醚。醚是两个烃基通过氧原子连接起来的化合物,也可看作是水分子中的两个氢均被烃基取代后的产物。

(1)甲基化反应。在碱性条件下使纤维素与硫酸二甲酯作用生成纤维素甲基醚(甲基纤维素)的反应,其反应过程为:

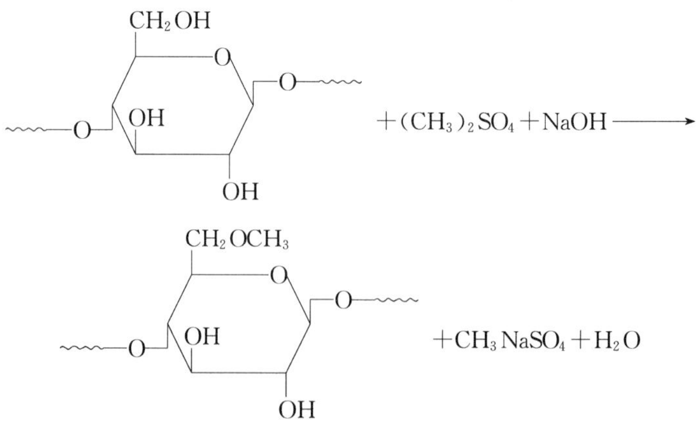

(2)乙基化反应。在碱性条件下使纤维素与氯乙烷作用生成乙基纤维素,其反应过程为:

$$+CH_3CH_2Cl+NaOH \longrightarrow \qquad +NaCl$$

（3）羧甲基化反应。在碱性条件下使纤维素与一氯乙酸钠作用，生成羧甲基纤维素，其反应过程为：

$$+ClCH_2COONa \xrightarrow{NaOH}$$

$$+NaCl+H_2O$$

三、纤维素聚合度的测定方法

纤维素大分子是由葡萄糖基环以 β-1,4-苷键相联结而成的线型分子，其聚合度的大小表示构成纤维素大分子中葡萄糖基环数量的多少。但因纤维素是多分散性物质，是由聚合度各不相同的大分子混合而成的物质，所以我们平时所测定的聚合度都是平均聚合度。

测定纤维素聚合度的方法很多，例如、端基测定法、沸点升高及冰点降低法、渗透压法、黏度法、超速离心法和光散射法等，这里主要介绍端基测定法。

1. 测定末端醛基数量的方法　从纤维素大分子结构可知，每一个大分子上仅有一个还原性末端基，纤维素相对分子质量一定时，纤维素大分子越短，则测出的还原性末端基越多。

（1）测定碘值。是指测定 1g 纤维素消耗 0.05mol/L 碘溶液的量，以 mL 表示，其反应为：

$$R-C\overset{O}{\underset{H}{\big|}} +I_2+3NaOH \longrightarrow R-C\overset{O}{\underset{ONa}{\big|}} +2NaI+2H_2O$$

（2）测定铜值。是指 100g 纤维素使氧化铜还原成氧化亚铜而释出铜的质量，以 g 表示。其反应为：

$$R-C\overset{O}{\underset{H}{\big|}} +2CuO \longrightarrow R-COOH+Cu_2O$$

2. 测定含有 4 个羟基的葡萄糖基环的数目　纤维素水解时，最后得到的倒数第二个产物是纤维二糖。将纤维二糖甲基化，可得到八甲基纤维二糖，将其水解时可分离出 2,3,4,6-四甲基葡萄糖甲基苷和 2,3,6-三甲基葡萄糖甲基苷。其反应过程为：

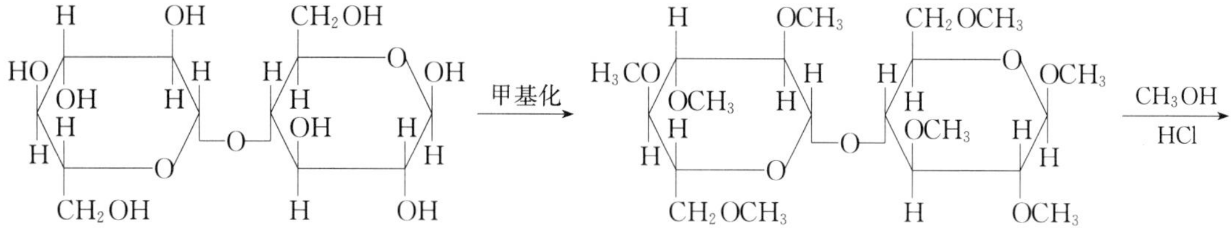

纤维二糖   八甲基纤维二糖

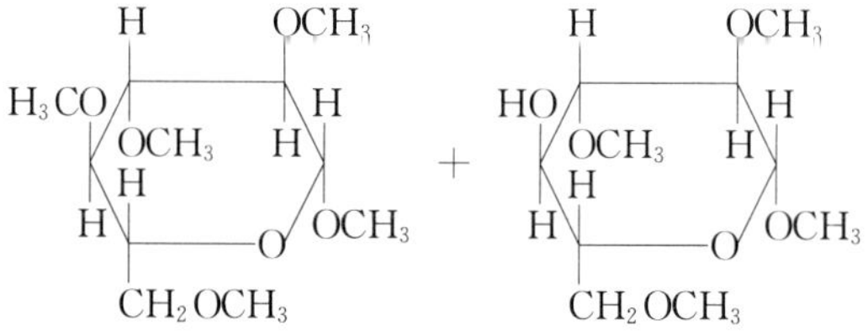

2,3,4,6-四甲基   2,3,6-三甲基
葡萄糖的甲基苷   葡萄糖的甲基苷

　　测定时,先将纤维素完全甲基化,然后将其完全水解,则得到 2,3,4,6-四甲基葡萄糖的含量,用下式计算纤维素的相对分子质量：

$$\frac{M}{236} = \frac{\alpha}{x}$$

$$M = 236 \times \frac{\alpha}{x}$$

式中：M——甲基纤维素的相对分子质量；

　　　　α——甲基纤维素试样质量,g；

　　　　x——测得的 2,3,4,6-四甲基葡萄糖的质量,g；

　　　　236——2,3,4,6-四甲基葡萄糖的相对分子质量。

第二节　蛋白质纤维的化学性质

　　蛋白质纤维是以蛋白质为基本组成物质的纤维。天然蛋白质纤维分为毛纤维(绵羊毛、山羊毛绒、骆驼毛绒、兔毛、牦牛毛绒等)和分泌腺纤维(桑蚕丝、柞蚕丝、蓖麻蚕丝、天蚕丝、蜘蛛丝等),其中以绵羊毛和桑蚕丝为主。

一、蛋白质的分子结构

(一)蛋白质的化学组成

　　蛋白质是含氮的高分子化合物,结构十分复杂,但其化学组成的主要元素只有碳(C)、氢(H)、氧(O)、氮(N),大多数蛋白质中还有硫(S)、铅(Pb),有些蛋白质还含铜(Cu)、锌(Zn)等元素。羊毛蛋白和蚕丝蛋白的元素组成如表 1-11 所示。

表1-11 羊毛蛋白和蚕丝蛋白的元素组成

种类			元素组成（%）				
			碳	氢	氧	氮	硫
羊毛			50	7	22～25	16～17	3～4
蚕丝	丝胶	桑蚕	46.35～47.55	5.79～6.47	27.67～29.69	17.38～19.00	极微量
		柞蚕	48.00～49.10	6.40～6.51	26.00～29.90	17.35～18.87	0.07
	丝素	桑蚕	44.32～46.29	5.72～6.42	30.35～32.50	16.44～18.30	0.15
		柞蚕	44.32～46.20	5.42～5.72	23.50～30.53	16.44～18.30	0.15

　　氨基酸根据氨基与羧基的相对位置，可分为α-氨基酸，β-氨基酸，γ-氨基酸。氨基处于离羧基最近的碳原子上称为α-氨基酸，氨基处于离羧基次近的碳原子上称为β-氨基酸。蛋白质经水解后的最终产物是各种氨基酸，其中除个别氨基酸外，均为α-氨基酸，其通式为：

$$H_2N-CH-COOH$$
$$|$$
$$R$$

　　因此氨基酸是蛋白质的基本组成单位，几种简单的氨基酸如表1-12所示。

表1-12 几种简单的氨基酸

分类	俗名	系统命名	分子结构式	等电点
中性氨基酸	甘氨酸	2-氨基乙酸	H_2N-CH_2COOH	5.97
	丙氨酸	2-氨基丙酸	$CH_3CHCOOH$ 下接 NH_2	6.02
	丝氨酸	2-氨基-3-羟基丙酸	$HOCH_2CHCOOH$ 下接 NH_2	5.68
	半胱氨酸	2-氨基-3-巯基丙酸	$HSCH_2CHCOOH$ 下接 NH_2	5.02
	苯丙氨酸	2-氨基-3-苯基丙酸	$\bigcirc-CH_2CHCOOH$ 下接 NH_2	5.48
酸性氨基酸	谷氨酸	2-氨基戊二酸	$HOOCCH_2CH_2CHCOOH$ 下接 NH_2	3.22
	天门冬氨酸	2-氨基丁二酸	$HOOCCH_2CHCOOH$ 下接 NH_2	2.77
碱性氨基酸	赖氨酸	2,6-二氨基己酸	$H_2NCH_2CH_2CH_2CH_2CHCOOH$ 下接 NH_2	9.74

（二）蛋白质的分子结构

1. 蛋白质初级结构　多肽链中各种氨基酸按一定的顺序互相连接，形成蛋白质的初级结构。蛋白质可以视为氨基酸大分子中的氨基（—NH_2）和羧基（—COOH）脱水缩合形成酰氨键（肽键）后联结起来的大分子，这种大分子称为肽。由两个氨基酸分子脱水缩合而成的肽称二肽,二肽再与一个氨基酸分子缩合形成三肽。这种聚缩氨基酸的长链称为多肽,它构成蛋白质大分子的主链。α-氨基酸缩合而成的大分子链可用以下简式表示:

$$\begin{array}{c}
R_1 \quad\ H \quad\ O \quad\quad R_3\\
| \quad\quad | \quad\ \parallel \quad\quad |\\
C \quad\ N \quad H C \quad\quad C\\
\diagup \backslash \diagup \backslash \diagup \backslash \diagup \backslash\\
N \quad H \ C \quad\quad C \quad\ N H \quad\ C\\
| \quad\quad \parallel \quad\quad | \quad\quad | \quad\ \parallel\\
H \quad\ O \quad\quad R_2 \quad\ H \quad\ O
\end{array}$$

$R_1, R_2, R_3\cdots$为不同氨基酸的侧基,除个别氨基酸外,在分子组成中共同的成分是:

$$\begin{array}{c}
CII \quad\ COOII\\
|\\
NH_2
\end{array}$$

肽链中氨基酸由于缩合时失去了羧基中的羟基和氨基中的氢,以不同于原来氨基酸分子,而变为:

$$\begin{array}{c}
H\\
|\\
HN-C-CO-\\
|\\
R
\end{array}$$

我们称之为氨基酸的残基。

2. 蛋白质分子空间构象　构象是由分子中单键的自由旋转造成的某些基团在空间的相对位置,多肽链的骨架主要是由单键构成,所以多肽链可以形成不同的空间构象。蛋白质分子空间构象的形成是靠主链和侧链上各种基团间的氢键、盐式键、脱氨酸键和疏水键等维系的。

(1)二级结构。蛋白质的肽链不是直线,在空间也不是任意排布,而是折叠和盘曲的,具有一定的构象,如图1-7和图1-8所示。二级结构的主要结合力是氢键。

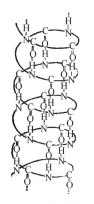

图1-7　α-螺旋结构示意图

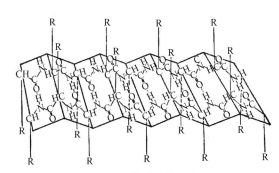

图1-8　β-折叠结构示意图

(2)三级结构。几条长链互相纠缠而紧密结合在一起,有的螺旋加螺旋,有的折叠加折叠,最终盘绕成球状,这种由α-螺旋和β-折叠等结构单元之间相互配置形成的构象称为三级结构,如图1-9所示。三级结构的结合力除了氢键,还有非极性侧链间的疏水键、盐式键、二硫键等。

(3)四级结构。具有两条或两条以上独立三级结构的多肽链组成的蛋白质,其多肽链间通过次级键相互组合而形成的空间构象称为蛋白质的四级结构,四级结构通过氢键、范德华力等次价键缔合成的。

3. 维系蛋白质分子构象的键

（1）氢键。氢键指一个肽链上亚氨基（ N—H ）

中的 H 和另一个肽链上羰基（ C=O ）中的 O 间

形成的键。也存在同一螺旋肽链相应基团之间，键

能较共价键、离子键小得多，因而氢键结合不太牢

固，但氢键数量多，对维系空间构象起重要作用。

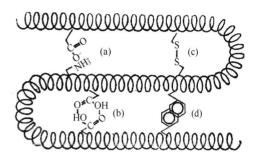

图1-9　蛋白质的三级结构示意图
(a)—盐式键　(b)—氢键　(c)—二硫键　(d)—疏水键

（2）胱氨酸键（二硫键）。胱氨酸键可产生在不同肽链之间和同一肽链不同的部位之间，是
共价键，极为牢固，可以保持肽链空间构象的稳定性。

（3）盐式键（离子键）。盐式键是以一肽链氨基酸残基中的自由羧基和另一肽链氨基酸残基
中的自由氨基结合而成的。

（4）酯键。酯键是以一氨基酸侧基中的羧基和另一氨基酸侧基中的羟基酯化而形成的，属
于共价键。

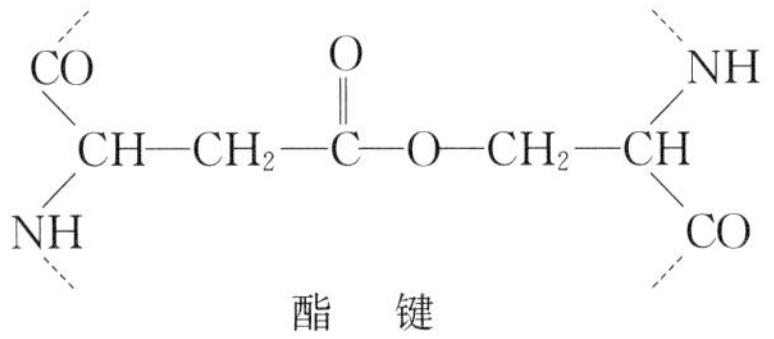

$$CH-CH_2-\overset{\displaystyle O}{\overset{\displaystyle \|}{C}}-O-CH_2-CH$$

（图中：左侧 CO、NH；中间 O；右侧 NH、CO）

酯　键

（5）疏水键。肽链中氨基酸残基上的非极性疏水侧链，在水溶液中有尽量减少与水分子接触、彼此相互连接的趋向而形成疏水键。

二、蛋白质纤维的化学性质

（一）酸、碱对蛋白质纤维的作用

1. 蛋白质的两性性质　在蛋白质大分子中存在羧基（—COOH）及氨基（—NH$_2$）等基团。

表示为：
$$P\!\!\begin{cases}COOH\\NH_2\end{cases}$$

羧基可以给出 H$^+$，具有酸性，氨基可以结合 H$^+$，具有碱性，所以蛋白质是一种两性化合物，它既可与酸作用，又可与碱作用，反应式过程为：

$$H_3N^+PCOOH \underset{+H^+}{\overset{-H^+}{\rightleftharpoons}} H_3N^+PCOO^- \underset{+H^+}{\overset{-H^+}{\rightleftharpoons}} H_2NPCOO^-$$

正离子　　　　　　双极离子　　　　　负离子
〔H$^+$〕大时　　　　　　　　　　　　　〔OH$^-$〕大时

由反应可知，这三种状态之间的关系取决于溶液中的〔H$^+$〕。调节溶液 pH 值，使蛋白质分子上正负离子数目相等，此时的溶液的 pH 值即为蛋白质的等电点 pI。羊毛和蚕丝的等电点的 pI 值分别为 4.2～4.8 和 3.5～5.2，等电点是蛋白质的一项重要性质，这时蛋白质的溶胀、溶解度、渗透压、电泳及电导率都最低。

2. 酸对蛋白质纤维的作用　羊毛和蚕丝在酸性条件下比在碱性条件下稳定，但酸液浓度、温度、作用时间及电解质浓度增加时，纤维会发生不同程度的水解。

（1）酸对羊毛的作用。弱酸或低浓度的强酸对羊毛破坏作用不强，有机酸的作用比无机酸要弱，高温度、高浓度的强酸对它的破坏作用较强，处理时间增加，破坏作用也增加，用 1mol/L 盐酸于 80℃时处理羊毛，其变化如表 1-13 所示。

表 1-13　羊毛经 1mol/L HCl 在 80℃时处理后的变化

处理时间（h）	结合酸的能力（mg/100g）	肽键的水解（%）	纤维的溶解（%）	与原纤维干强百分比（%）	与原纤维湿强百分比（%）
0	0.82	0.00	—	100	100
1	0.88	0.92	0.3	83	73
2	0.95	2.58	3.6	75	49
4	10.3	4.74	18.1	51	10
8	11.2	35.70	52.6	4	5

羊毛中的酸性基团和碱性基团均能产生电离,但酸性电离度比碱性电离度大,当向溶液中加入酸时,可抑制酸性基团的电离,在等电点区域内 H$^+$ 离子和 OH$^-$ 离子都能被羊毛吸收,但不会损伤纤维。羊毛等电点的 pI 值为 4.2～4.8,当 pH<4 时,羊毛从溶液中吸收 H$^+$ 离子,并和氨基结合,此时即使是低温,也会引起羊毛的破坏,盐式键断裂增加,pH 继续降低,破坏作用更加显著。当 pH=1 时,羊毛结合的酸量达到饱和,此时羊毛纤维中所含的酸量称为饱和吸酸量。

(2)酸对蚕丝的作用。强酸对蚕丝的作用比对羊毛的作用要强,因为丝蛋白含二氨基羧酸比羊毛蛋白少,其结合酸的能力比羊毛小得多。

蚕丝在低浓度的强无机酸中加热并无明显破坏,但是光泽、手感却受到损伤,随温度的升高损伤增加,蚕丝在浓的强酸中即使不加热也有损伤或溶解,时间增加或温度升高溶解度增加,在绢纺原料的精练中常用硫酸做酸精练助剂。用浓无机酸在常温条件下对蚕丝进行 1～2min 的短时间处理,然后立即水洗去酸,丝的长度会发生明显收缩,而丝无明显损伤,这种现象叫做"酸缩",这个原理在生产中用以制作皱缩织物。蚕丝在室温条件下用强无机酸或有机酸(醋酸和酒石酸)处理不受损伤,还可以增加光泽、改善手感并赋予"丝鸣"的特性。

3. 碱对蛋白质纤维的作用 羊毛和蚕丝对碱比对酸敏感,碱可催化肽键的水解,其水解程度取决于碱的种类、浓度、pH 值、温度、时间等,其中以 NaOH 作用最为剧烈,羊毛在 3% NaOH 溶液中沸煮可完全溶解,碳酸钠、磷酸钠、氨水及肥皂等弱碱性物质对羊毛和蚕丝的作用比较缓和,如工艺控制得不当会造成明显的损伤。

(1)碱对羊毛的作用。碱对羊毛的作用主要表现为胱氨酸键的破坏,含硫量降低,同时破坏到盐式键,甚至引起肽键的水解,导致力学性能减退,纤维发黄,手感粗糙。一般说来,当pH<8 时破坏不明显,pH>8 时破坏逐渐严重,pH>11 时破坏作用尤为剧烈,NaOH 在不同浓度和温度条件下对羊毛的破坏作用如表 1-14 和表 1-15 所示。

表 1-14 用不同浓度 NaOH 溶液在 60℃ 时处理 20min 对毛纱的影响

NaOH 溶液浓度(g/L)	0.1	0.2	0.5	1.0	2.0
强度损失(%)	43	46	56	70	85
断裂长度损失(%)	10	26	44	49	52
重量损失(%)	2.0	2.2	8.7	12.6	18.5

表 1-15 0.1g/L NaOH 溶液在不同温度时处理 20min 对毛纱的影响

温度(℃)	60	82	100
强度损失(%)	43	72	100
断裂长度损失(%)	10	44	100
重量损失(%)	2.0	13.2	100

由表 1-15 可知,温度越高,对羊毛的损伤越大,因此碱性洗毛通常是在 50℃ 左右进行,如温度过高,胱氨酸会变为羊毛硫氨酸。

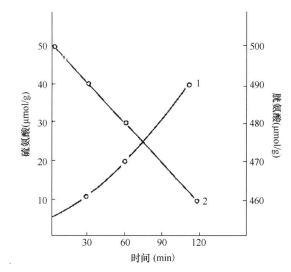

图 1-10 反映了碱处理后羊毛纤维内胱氨酸和硫氨酸含量的变化。

图 1-10 碱处理后羊毛纤维内胱氨酸和硫氨酸含量曲线

1—硫氨酸　2—胱氨酸

采用不同浓度 NaOH 溶液在 100℃下处理羊毛 1h 和 0.065g/L NaOH 溶液在 65℃经不同时间处理羊毛的溶解度如图 1-11 和图 1-12 所示。

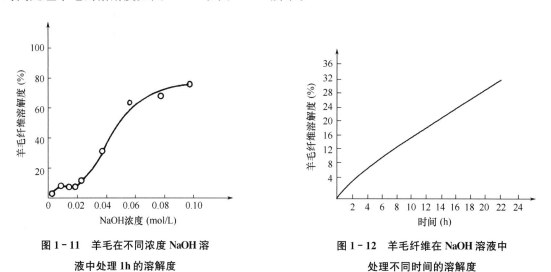

图 1-11 羊毛在不同浓度 NaOH 溶液中处理 1h 的溶解度

图 1-12 羊毛纤维在 NaOH 溶液中处理不同时间的溶解度

由图 1-11 和图 1-12 可知,羊毛纤维在 NaOH 溶液中损伤的程度随着碱浓度的增加和作用时间的增加而增加,受过损伤的羊毛纤维比未受过损伤的羊毛纤维的碱溶解度要大,因此可用碱溶解度测试羊毛损伤的程度。

（2）碱对蚕丝的作用。在室温条件下,碱对蚕丝的作用还是相对稳定的。碱对蚕丝的作用比对羊毛的作用小,这是因为碱对蚕丝的作用是先溶解丝胶,后溶解丝素,最终彻底破坏蚕丝。

各种蚕丝在不同浓度的 NaOH 溶液中处理 30min 后的溶解率如表 1-16 所示。

表 1-16　各种蚕丝在不同浓度 NaOH 溶液中的溶解率

NaOH 浓度（%）	溶解率（%）		
	桑蚕丝	柞蚕丝	蓖麻蚕丝
1	3	1	1
2.5	28	5	3
5	35	7	0
7.5	29	28	26

用碱处理蚕丝时应严格控制溶液的浓度和温度,以防止造成过大的损伤。在室温条件下,碱对蚕丝的作用还是相对稳定的,纯碱比烧碱作用更缓和。pH 值不同时,Na_2CO_3 和 $NaHCO_3$ 的混合液在 90℃下处理蚕丝,其水解情况如图 1-13 所示。

由图 1-13 可知,蚕丝的水解随 pH 值的提高而加剧。

（二）氧化剂对蛋白质纤维的作用

氧化剂对羊毛和蚕丝的作用均较敏感,特别是高温条件下的强氧化剂作用更剧烈。

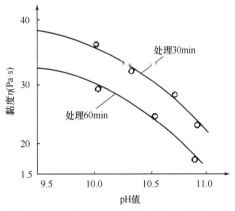

图 1-13　蚕丝经碱溶液处理后黏度的变化

1. 氧化剂对羊毛的作用　氧化剂对羊毛的作用主要表现为胱氨酸键的断裂和邻近一些氨基酸的氧化。在羊毛的漂白处理中使用过氧化氢、高硼酸钠、过碳酸盐、过氧化物、过硫酸盐及高碘酸等氧化剂,其中过氧化氢是常用的漂白剂,过氧化氢可以分解酪氨酸（　　　　　　）,

在激烈的氧化情况下可以使肽键断裂,使丝氨酸（CH_2—CH　）和苏氨酸（　　　　　）分解,

并使胱氨酸氧化。

在羊毛的防缩处理中使用氯气、次氯酸、氯酸盐及过氧化氯等氧化剂。在防缩处理中氧化剂对羊毛有强烈的破坏作用,胱氨酸键断裂。氯处理羊毛纤维的反应为:

经氯处理后的羊毛纤维强度变化如表 1-17 所示。

表 1-17　羊毛在 20℃不同浓度的氯水中处理 30min 后强度的变化

有效氯占羊毛重的百分率(%)	0.25	0.50	1.00	4.00
次氯酸作用后强度下降率(%)	0	0	10	10
次氯酸盐和盐酸混合液作用后强度下降率(%)	18	33	50	60~70

日光中的紫外线和大气中的氧气等均会导致羊毛的损伤。热、光和氧气引起羊毛蛋白质分子氧化,紫外线可以促使水形成过氧化氢,引起氧化反应。

2. 氧化剂对蚕丝的作用　氧化剂对蚕丝的作用主要表现在以下三个方面:氧化肽链上的侧基,氧化肽链末端的—NH_2,氧化肽链。

含氯的氧化剂(次氯酸盐、漂白粉、漂白精等)与蚕丝易生成黄色氯胺类化合物,即使在稀溶液中也有可能破坏蚕丝,用高锰酸钾等强氧化剂在高温下长时间处理蚕丝时,能使丝素分解而生成氨、草酸等产物,因此,在蚕丝加工或漂白过程中,不能使用含氯及高锰酸钾等强氧化剂,而使用 H_2O_2,但要注意选择适当的 pH 值。

光氧化对蚕丝的作用比对羊毛的作用大,相比之下蚕丝耐光性差,尤其是桑蚕丝。紫外线在有氧的条件下,能促使酪氨酸、色氨酸的残基氧化,同时丝素也被存在的水分水解,所以日照使蚕丝泛黄、变脆。

(三)还原剂对蛋白质纤维的作用

还原剂(Na_2S、$NaHSO_3$)对羊毛有破坏作用,主要与胱氨酸键和盐式键作用,其破坏程度与还原剂溶液的 pH 值有关。Na_2S 和 $NaHSO_3$ 均能使羊毛在水溶液中发生溶胀,从而更容易与其他化学药剂发生反应,其反应过程为:

$$Na_2S + H_2O \Longrightarrow NaOH + NaHS$$

羊毛与亚硫酸盐的作用,在工业上有较广泛的应用,如纤维损伤的测试(尿素—亚硫酸氢钠法,简称 U—B 法),羊毛漂白和防缩整理加工中的脱氯,羊毛定型及高锰酸钾处理后去除纤维上的二氧化锰等。当用亚硫酸盐对羊毛进行加工时,如条件控制得当,还原反应不会对羊毛带来过大的损伤。

羊毛纤维胱氨酸被还原的数量受溶液的 pH 值影响较大,羊毛在不同 pH 值条件下经巯基乙酸处理后其胱氨酸含量的变化如图 1-14 所示。

由图 1-14 可知，当 pH 值在 2～6 的范围内时胱氨酸含量变化不大，当 pH 值大于 6 时，胱氨酸含量急剧下降。

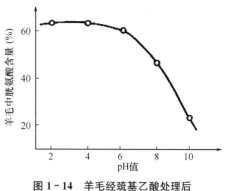

图 1-14　羊毛经巯基乙酸处理后其胱氨酸含量的变化

(四)盐类对蛋白质纤维的作用

盐类有促进羊毛和蚕丝溶胀的作用。

羊毛纤维不能吸收中性盐，即使在沸水中也难以吸收，因而中性盐对羊毛无影响。重金属盐类(铁、铬、锡等)与羊毛反应强烈，沸煮时，与羊毛结合成不溶性的化合物，形成金属污点。

重金属盐类与蚕丝具有极大的亲和力，可作绢丝的增重剂和媒染剂，但增重后的绢丝分解变弱，强力降低，日照后会加速分解。经浓的氯化钙、硝酸钙溶液处理后，蚕丝会急剧地收缩，称为"盐缩"。有些特殊的盐类如铜氨、铜乙胺、碱性甘油铜及碱式氯化锌等溶液都易使蚕丝溶胀、溶解，有些可用于分析或分离含有蚕丝的混合材料，有些还可以测定丝素的黏度等。

(五)微生物对蛋白质纤维的作用

羊毛和蚕丝纤维长期处于潮湿环境条件下，容易霉烂变质，这是由于微生物分泌的蛋白酶作用的结果。

(六)温度、水对蛋白质纤维的作用

羊毛和蚕丝一般都不溶于冷水，但它们有较多的亲水基团，因而有较强的吸湿性能。吸水后发生溶胀，单纯的吸湿溶胀不会引起纤维分子组成和结构的变化，但吸湿溶胀时间过长，温度较高时，都会产生部分水解。

丝胶的亲水性极强，与水容易以氢键形式形成水化层，被水溶胀溶解，而丝素主要是吸水溶胀，其吸水溶胀发生在纤维的空隙和非结晶区及结晶区边缘，其作用分成两个阶段：第一阶段是非结晶区的一些极性基团如—OH、—COOH、—NH—等与水分子的结合，建立氢键，其吸湿率可达 15%，因属化学反应，故有热效应，要除去这部分水较困难，需要吸收较多的热。第二阶段吸收的水分主要是物理渗透作用，水渗透到纤维内部的空隙中，不发生化学结合，无热效应，这部分水易排除。柞蚕丝内部结构较桑蚕丝疏松，亲水基团也较多，故吸收和散发水分的能力比桑蚕丝更强。

羊毛在 100～105℃ 温度下烘燥时，纤维变得粗糙，强度和弹性受到损伤，若将其置于潮湿大气中时，则可重新吸收水分而恢复其柔软性和强度。在高温条件下，羊毛和蚕丝也会和水反应，使蛋白质肽键水解，最终导致纤维力学性能下降。羊毛经沸水较长时间作用后，蛋白质中的二硫键则产生断裂，此外，它也有可能与邻近的氨基反应，生成新的共价键。

(七)蒸汽对蛋白质纤维的作用

高温蒸汽对羊毛的破坏作用较同温度的干燥空气更为剧烈，在高温高压条件下尤为严重。水

和蒸汽对羊毛的破坏作用是随温度的增高、时间的增长而加剧,在羊毛及其制品湿加工和烘干加工过程中应引起足够的重视。羊毛在100℃水中处理不同时间其性能变化如表1-18所示。

表 1-18　羊毛在沸水中处理其性能变化情况

性能	处理时间(h)					
	0	0.5	1	2	4	8
羊毛溶解(%)	0	1.0	4.0	7.3	10.7	37.2
含硫量(%)	3.65	3.44	3.33	3.11	3.07	2.66
胱氨酸含量(%)	10.6	9.4	8.6	7.5	6.9	4.6

第三节　天然纤维的电化学性质

研究天然纤维表面的电化学性质对天然纤维的初加工具有重要的指导意义,如天然纤维的去油、麻纤维初加工中的给油等工序都运用到天然纤维表面的电化学性质。

一、天然纤维在溶液中的扩散双电层

纤维材料具有很大的比表面积,和大多数固体物质一样,当与水溶液或含盐水溶液接触时,纤维从溶液中吸附离子或纤维表面带电基团离解,使其表面获得电荷。

在中性的水溶液中,天然纤维的表面总是带负电荷。纤维素大分子中含有若干数量的糖醛酸基、极性羧基等基团,在水中能电离成—COO^-和H^+,因此纤维素纤维在中性的水溶液中带负电荷。蛋白质大分子中存在羧基和氨基等基团,当溶液的pH<pI时,氨基形成—NH_3^+而带正电,当溶液的pH>pI时,羧基形成—COO^-而带负电,羊毛和蚕丝的等电点的pI值分别为4.2～4.8和3.5～5.2,所以蛋白质纤维在中性的水溶液中带负电荷。

由于分子的热运动,在离纤维表面由远到近有不同浓度的正电荷分布,如图1-16所示。

由图1-15可知,离纤维界面越近,正电荷浓度越大,离界面越远,浓度越小。图中AB为纤维的界面,阴离子基本被固着在纤维的界面上组成内层,其厚度约有一个分子大小,用δ表示,边界面为CD。溶液中的阳离子被纤维表面的阴离子吸引,吸附在内层上,不随溶液的流动而移动形成离子层,其厚度为b,边界面为EF,该边界面又称滑移面。δ与b构成了吸附层,其厚度为a=δ+b,约等于几个水分子大小,吸附层之内的离子不受纤维与溶液之间的相对运动的影响,牢牢地包围在纤维界面上,吸附层之外或者滑移面之外的阳离子由于分子热运动松散地分布在纤维的四周,组成了扩散层,厚度为d,边界面为GH,扩散层中也有少量阴离子存在。扩散层是由比较活跃的离子组成的,这些离子的分布随着纤维界面上电荷的静电吸引力大小和热运动强度间的比例而变动,它们都分布在溶液中,随溶液的流动而流动。

由于纤维界面上带有电荷,所以在其周围形成了一定的电位分布,扩散双电层的电位分布规律如图1-16所示。

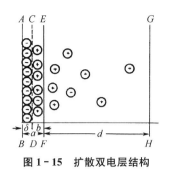

图 1-15　扩散双电层结构

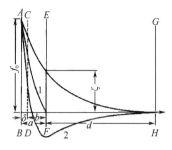

图 1-16　扩散双电层电位分布

由图 1-16 可知,在纤维界面上的电位最高为 ψ_0,ψ_0 又称热力学电位,以后随着对纤维界面距离的增大,扩散双电层的电位不断降低,在内层 δ 中按线性规律降低,在边界面 CD 之外按指数规律降低,直到在扩散层的边界面 GH 处,即 $X=a+d$ 处趋近于零,表示为 $\psi=0$,ψ_0 实质上表示纤维界面 AB 上的电位与处于溶液中扩散层边界面 GH 上之间的电位差,即与 $\psi=0$ 之间的电位差。

就纺织加工化学而言,我们感兴趣的不是 ψ_0 值的大小,而是滑移面 EF 与扩散层边界面 GH 之间的电位差,即滑移面 $X=a$ 处的电位值,这个电位即动电电位,或称 ξ 电位。其意义就是当固体在溶液中相对于液体作相对运动或者液体流动相对于其中的固体做相对运动时,在固体扩散双电层的滑移面产生的电位差的大小和符号,ξ 电势越高,带电越多,滑动面与溶液之间的电势差越大,扩散层厚度越厚。

二、动电电位的影响因素

纤维界面的动电电位不是固定不变的,其大小和符号受许多因素影响,其中主要有:

(一)纤维材料的性质

由于对溶液中离子的吸附能力及纤维表面极性基团离解程度的不同,不同纤维材料的纤维界面的 ξ 电位也各不相同,表 1-19 为几种主要纤维素纤维和蛋白质纤维在中性水溶液中的 ξ 电位值。

表 1-19　几种纤维的 ξ 电位值(pH=7)

纤维材料	苎麻	棉	羊毛	蚕丝
ξ 电位(mV)	-15	-38	-43	-22

(二)水溶液中盐的性质

改变溶液中电解质的种类和浓度时,扩散层的厚度发生相应变化,从而导致纤维界面上 ξ 电位的变化,尤其是加入多价离子的影响更大。当纤维界面的 ξ 电位为负时,在水溶液中加入多价正离子的盐,则扩散层的厚度 d 变薄,致使纤维界面的 ξ 电位下降,不断地增加多价正离子的浓度可使 ξ 电位变为零(图 1-16 中的曲线 1),甚至改变符号为"+"(图 1-16 中的曲线 2)。因此,通过加入不同的盐,并控制其浓度可以改变和调节纤维界面 ξ 电位的大小和符号。

(三)介质的 pH 值

介质 pH 值的影响比较特殊,pH 值的变动对纤维素纤维和蛋白质纤维 ξ 电位的变化规律影响不同。

1. 纤维素纤维 纤维素纤维界面的 ξ 电位随介质 pH 值的增加作相应的变化,如图 1-17 所示。

由图 1-17 可知,在 pH=7 处,ξ=-15mV,有一负的最小值,而在 pH=7 的前后,ξ 电位各有一个负的最大值。酸性介质条件下,在 pH=4.5 处,ξ=-18mV。碱性介质条件下,在 pH=12 处,ξ=-32mV。但无论在何种介质条件下,纤维素纤维的 ξ 电位的符号均相同,为"-"。

2. 蛋白质纤维 蛋白质纤维是两性电解质,其 ξ 电位的电性和大小受介质 pH 值的影响特别大,如图 1-18 所示。

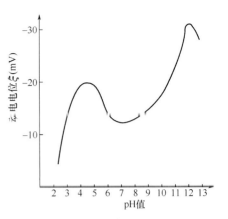

图 1-17 纤维素纤维的电位与介质 pH 值的关系

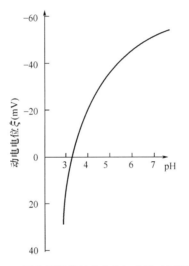

图 1-18 蛋白质纤维的 ξ 电位与介质 pH 值的关系

由图 1-18 可知,羊毛纤维的 ξ 电位随介质 pH 值的增加而逐步由"+"到"0",最后可变为"-"。在 ξ=0 时的介质 pH 值即为羊毛纤维的等电点 pI,当介质的 pH<pI 时,羊毛纤维的 ξ 电位为"+",当介质的 pH>pI 时,羊毛纤维的 ξ 电位为"-"。蚕丝也有类似的规律。因此,在对毛、丝等蛋白质纤维进行化学加工时,必须注意介质 pH 条件对蛋白质纤维 ξ 电位的影响。

习题

1. 解释下列概念。

结晶度、水解纤维素、氧化纤维素、碱纤维素、γ 值、纤维素的水化、纤维素的溶胀、纤维素的溶解、水化度、铜值、碘值、蛋白质的等电点 pI、动电电位

2. 简述纤维素的化学结构。

3. 纤维素水解过程的基本规律是什么？并解释其原因。

4. 纤维素水解后性质发生哪些变化？

5. 比较两类氧化纤维素的特点。

6. 影响碱纤维素生成和组成的因素有哪些？

7. 影响纤维素溶胀的主要因素有哪些？

8. 碱处理后纤维素纤维性质发生哪些变化？

9. 简述蛋白质的空间构象及维系构象的键。

10. 分析蛋白质的两性性质。

11. 简述蛋白质纤维的化学性质。

12. 简述扩散双电层结构。

13. 影响动电电位的因素有哪些？

第二章 天然纺织纤维初加工用化学助剂

本章知识点

    1. 天然纤维初加工无机助剂。

    2. 表面活性剂的结构特点及作用原理。

    3. 表面活性剂的分类及在初加工中的应用。

第一节 天然纺织纤维初加工用无机助剂

在天然纤维初加工中用到各种无机助剂，利用天然纤维及其要去除的伴生物或杂质对无机助剂稳定性的不同，去除伴生物或杂质的同时，尽量减少对天然纤维的损伤，制得符合纺纱工艺及产品质量要求的纤维。

一、酸

常用的酸主要有 H_2SO_4、HCl 等。它们分别用于酸洗、中和及调节 pH 值，以满足天然纤维初加工的需要，如麻纤维脱胶中的酸洗和浸酸，有利于去除胶质和中和多余的碱液；洗毛工艺中的炭化，去除草杂；绢纺原料加工中的酸精练，去除丝胶。

二、碱

碱在天然纤维初加工中应用也十分普遍。常用的碱有 NaOH，在麻纤维的脱胶中主要用于碱液煮练工序，去除胶质；羊毛炭化中用于中和工序，中和多余的酸；绢纺原料加工中用于碱精练工序，去除丝胶及蛹油。

三、盐

常用的盐主要有元明粉、食盐，盐在羊毛洗涤中本身并不具有洗涤作用，但溶于水后可以提高洗涤剂的洗涤作用，所以称为助洗剂。

四、氧化剂

天然纤维初加工中使用的氧化剂主要有次氯酸钠、双氧水、亚氯酸钠等，主要用于纤维加工中的漂白工艺,增加纤维的白度和色泽。

天然纤维初加工无机助剂的作用在以后的章节中会详细介绍,这里不再赘述。

第二节　表面活性剂基础知识

表面活性剂是纤维加工过程中必不可少的化学助剂,如麻纤维的化学脱胶及绢纺原料的精练过程中使用的渗透剂、乳化剂、抗静电剂等;毛纤维在洗涤、炭化工程中使用的净洗剂、炭化助剂及毛纺工程中使用的乳化剂、抗静电剂等。上述的乳化剂、渗透剂、净洗剂均为表面活性剂。

一、表面张力与表面自由能

(一)表面张力

物质表面层分子与内部分子所受到的作用力是不同的,如图 2-1 所示。

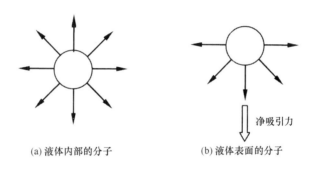

(a) 液体内部的分子　　　　(b) 液体表面的分子

图 2-1　内部分子与表面层分子受力示意图

如图 2-1(a)所示,对于液体和空气组成的体系,在液体内部的分子,周围邻近分子对它的作用力是相等的,各个方向的力彼此抵消,该分子所受到的合力为零;如图 2-1(b)所示,处于表面的分子则不同,液体内部的分子对它的作用力大,气相中的分子(如空气分子)对它的吸引力则相对较小,该分子所受到的合力不为零,合力指向液体的内部。由此可见,液体表面层分子都会受到指向液体内部的作用力,所以液体表面有自动收缩使其表面积为最小的趋势。一个自然液滴,如无重力影响,形状为圆球形,因为一定体积的液体,球形液滴的表面积最小。这种作用于气—液界面之间使其表面收缩的力称为表面张力。

(二)接触角与各种表面张力的关系

当液滴滴落在固体的表面(平面)上时,液滴呈透镜状,如图 2-2 所示。

由图 2-2 可知,液滴曲率半径的大小即取决于下面三个力:

(1)固体的表面张力 σ_1,增加固体和液体之间的中间界面。

(2)液体的表面张力 σ_2,维持液体球状表面,减少固体和液体之间的中间界面。

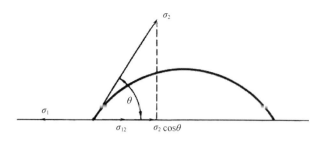

图 2 - 2　接触角与各种表面张力的关系

（3）固体和液体之间的界面张力 σ_{12}，减少固体和液体之间的中间界面。

液体的表面张力 σ_2 处于与固体表面接触点的切线方向，该力方向与固体、液体界面的夹角成为接触角或润湿角，用 θ 表示。表面张力 σ_2 在接触平面上的投影是 $\sigma_2\cos\theta$。在平衡状态下，$\sigma_1 - \sigma_{12} = \sigma_2\cos\theta$。润湿功（$\sigma_1 - \sigma_{12}$）表示液体对固体表面的润湿能力，其值等于 $\sigma_2\cos\theta$。$\theta = 0$ 时，润湿功最大，为 $\sigma_1 - \sigma_{12} = \sigma_2$，液体全部润湿纤维的表面，液体在纤维表面上可以自由流动而无需外界作功。$\theta < 90°$ 时，润湿作用是自发、缓慢的。

（三）表面自由能

对于液体内部的分子，周围分子对它的作用在各个方向上都相等，彼此互相抵消，其合力为零，因此它在液体内部可以任意移动而无需外力做功。

对于两种液体界面的分子，受到两种液体分子的不均一的作用，所受合力不等于零，两种液体的界面越大，界面上的分子越多，两种液体的性质相差越大，其所受的合力越大。在此合力作用下有把液体界面自动缩小的倾向，以求得两种液体间的稳定。

如果把一个分子从液体内部移到界面上（或扩大界面积）就需克服内部分子的吸引力而作功。这种在形成新界面过程中所消耗的功称为表面功。表面功将转变为表面层分子的自由能，这种多余自由能为表面自由能，或简称为表面能。

根据热力学第二定律，表面能有自发减少的倾向，以求得自身的稳定，用公式表示为：

$$-\delta W_K = \sigma \cdot dA$$

式中：$-\delta W_K$ ——表面自由能；

　　　　σ ——比界面能（在温度、压力和组成一定的条件下，增加一个单位界面积时，体系自由能的增加量，单位为 N/m），δ 也称界面张力；

　　　　dA ——界面积增加量。

所以，减少表面自由能的途径有两种：自发减少界面积和降低表面张力。

二、表面活性剂的基本概念

表面活性剂是指当其溶于水中时，即使浓度很小也能显著地降低水同空气间的表面张力或水同其他物质（如纤维）间的界面张力的物质。

（一）表面活性剂的结构特点

任何水溶性表面活性剂都具有不对称的分子结构特点。其中一端是憎水基团，此端为非极性基团,另一端为极性基团,具有一个或几个亲水基。水溶性的亲水基(疏油基)是与水有较大亲和力的原子团,如羟基、磺酸基、羧基等,通常用球形表示,球的直径代表作用范围的大小。油溶性的憎水基是与油有较大亲和力的原子团,一般是C_{12}~C_{16}长链烷基或具有支链,或者被杂原子或者被环状原子团所中断。通常用棒形表示,其直径代表作用范围的大小,棒长表示链的长短,如图2-3所示。

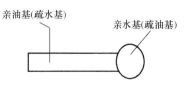

图2-3　表面活性剂的结构特征

(二)表面活性剂的作用原理

当纤维、油等物质与水接触时,由于油、水界面间存在着较大的界面张力,都力图保持自己的原有状态,水不容易润湿纤维、纱线或油等物质,这对纤维、纱线的加工很不利。在油水中加入表面活性剂以后,由于它的不对称结构特点,使它在油、水界面之间发生定向吸附作用,极性端的亲水基指向水,非极性端的憎水基指向油,结果就在油、水相之间形成了一个表面活性剂的分子膜,从而降低了油、水相之间的界面张力。

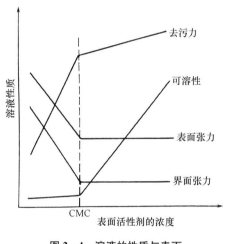

图2-4　溶液的性质与表面活性剂的浓度间的关系

其他条件不变时,溶液的性质与使用的表面活性剂浓度有关。当表面活性剂的浓度增加时,溶液的去污力、可溶性、表面张力、界面张力等性质发生急剧的变化,此后浓度再增加,表面活性剂分子开始形成胶束,表面活性剂的可溶性继续增加,其他性质很少变化。溶液中表面活性剂开始形成胶束的浓度称为临界胶束浓度。溶液的性质与表面活性剂的浓度间的关系如图2-4所示。

在不同浓度下,表面活性剂分子存在的状态不同,浓度与表面活性剂分子的存在状态间的关系如下:

1. 稀溶液中　稀溶液中表面活性剂分子的活动如图2-5所示。表面活性剂浓度增加,为使其在水中处于稳定状态,则有两个途径:

(1)表面活性剂分子上移至液面,使憎水基指向空气,减少了水与空气的直接接触面。

(2)表面活性剂憎水基互相结合,水中的表面活性剂分子三三两两地聚集到一起,互相把憎水基靠在一起,开始形成胶束。

2. 临界胶束浓度溶液中　临界胶束浓度溶液中表面活性剂的活动如图2-6所示。表面活性剂浓度继续增加,水溶液表面凝集了足够的表面活性剂,并紧密的排布于液面上,形成一层单分子膜,此时水与空气完全处于隔绝状态。

继续增加表面活性剂浓度,水溶液中的表面活性剂分子排列成憎水基向内,亲水基向外的球形胶束,胶束稳定的溶于水中。此时,液体的表面张力降到最低。

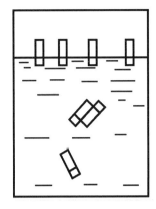

图 2-5　稀溶液

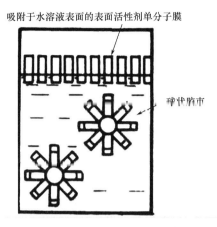

吸附于水溶液表面的表面活性剂单分子膜

球状胶束

图 2-6　临界胶束浓度的溶液

图 2-7　大于临界胶束浓度的溶液

3. 大于临界胶束浓度溶液中　大于临界胶束浓度溶液中表面活性剂的活动如图 2-7 所示。表面活性剂浓度继续增加,水溶液表面与空气间形成了紧密的单分子膜,两者的接触面不会再缩小,因此,表面张力也不再变化而维持在一定的水平。

在水溶液中形成大量的胶束。对油、水界面而言,处于界面间的表面活性剂分子的憎水基与亲水基分别指向油和水,构成了油、水界面的界面吸附层,降低了油、水界面间的界面张力。

(三)表面活性剂的亲水亲油平衡值(HLB)

在使用表面活性剂时,其浓度均应稍大于临界胶束浓度,否则不能充分发挥表面活性剂的作用。各种表面活性剂的性能由于亲水基、憎水基的结构、性能及其组合不同,可以表现为乳化作用、渗透作用、洗涤作用、抗静电作用、扩散作用及消泡作用等。

表面活性剂具有不对称的构造,由于构成亲油端和亲水端的基团很多,因此,这些基团对表面活性剂整体的亲油性或亲水性的影响也各不相同,亲油端的亲油强度大,相对地亲水端的亲水强度较小,则该表面活性剂表现出较强的亲油性,就很难溶解于水中,反之,则表现出较强的亲水性,可显著增加在水中的溶解度。HLB 值是定量反映表面活性剂中两端不同基团对表面活性剂亲油性或亲水性的综合影响程度。

HLB 值的大小不仅影响表面活性剂的性能,而且也影响表面活性剂的使用。其值越大,水溶性越好,油溶性越差,反之,油溶性越好,水溶性越差。一般在 0~40 范围内。石蜡完全没有亲水基,其 HLB 值为 0,月桂醇硫酸钠内含大量亲水基,完全溶解于水中,其 HLB 值为 40。

表面活性剂的性能与 HLB 值的关系如图 2-8 所示。

实际上选用表面活性剂的 HLB 值一般均在 20 以下。纺织工业常用的乳化剂的 HLB 值都在 8~13 之间。

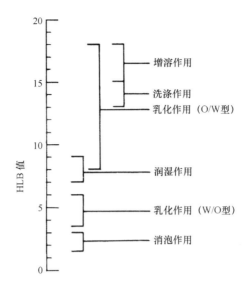

图 2 - 8　表面活性剂的性能与 HLB 的关系

HLB 值的获取方法有查表法、计算法、实验法等。

三、表面活性剂的分类及作用

表面活性剂的分类方法很多,但最常用、最简便的分类方法是按其在水溶液中的离子特性来分,包括阴离子型表面活性剂、阳离子型表面活性剂、非离子型表面活性剂和两性离子表面活性剂等四种。

(一)阴离子型表面活性剂

阴离子型表面活性剂是在表面活性剂中应用历史最早、最久、种类最多、用途最广的表面活性剂。阴离子型表面活性剂的结构特点是:当它溶解于水中时发生电离,与憎水基相连的亲水基是阴离子,其亲水端带负电荷,如肥皂:

$$CH_3 \text{—} (CH_2)_n \text{—} COO^- \quad Na^+ \longrightarrow CH_3 \text{—} (CH_2)_n \text{—} COO^- + Na^+$$

在天然纤维初加工中应注意以下几点:

(1)阴离子型表面活性剂对阳离子型表面活性剂有中和、沉淀的作用,不能共用。

(2)阴离子型表面活性剂对纤维素纤维的亲和力较小,甚至没有,但对蛋白质在酸性介质中有较强的亲和力。

阴离子型表面活性剂多为乳化、润湿、渗透、去污及净洗作用。在麻的脱胶、绢纺原料的精练、毛的洗涤、炭化工程中都有广泛的应用。

(二)阳离子型表面活性剂

阳离子型表面活性剂的应用历史、应用范围及其种类都不及阴离子型表面活性剂,但它所具有的特殊功能也是其他表面活性剂所不及的。阳离子型表面活性剂的结构特点是:当

它溶解水中时发生电离,与憎水基相连的亲水基是阳离子,其亲水端带正电荷,如烷基三甲基溴化铵:

$$CH_3-(CH_2)_n-N^+-CH_3 \quad Br^- \longrightarrow CH_3-(CH_2)_n-N^+-CH_3 + Br^-$$

在天然纤维初加工中应注意以下几点:

(1)阳离子型表面活性剂不能与阴离子型表面活性剂共用,否则有中和、沉淀作用,降低两者的表面活性。

(2)阳离子型表面活性剂对纤维素纤维有较强的亲和力,并且对蛋白质在中性和碱性介质中有较强的亲和力。

阳离子型表面活性剂具有乳化、纤维软化、杀菌作用。

(三)非离子型表面活性剂

非离子型表面活性剂的使用范围仅次于阴离子型表面活性剂。非离子型表面活性剂的结构特点是在水溶液中不起电离作用,在天然纤维初加工中具有以下特点:

(1)对各种纤维一般无亲和力,使用以后容易洗涤。

(2)极易溶于水,对酸、碱作用稳定。

(3)可与各种类型的表面活性剂共用。

非离子型表面活性剂通常具有乳化、渗透、洗涤作用。

(四)两性离子表面活性剂

1. 结构特点 两性离子表面活性剂是指分子结构中同时具有两种性质离子的表面活性剂,它是两性表面活性剂中的一种。两性表面活性剂可能有三种类型:

(1)阴离子和阳离子组合,即两性离子表面活性剂,如:

$$R-\overset{\overset{\displaystyle CH_3}{|}}{\underset{\underset{\displaystyle CH_3}{|}}{N^+}}-CH_2COO^-$$

(2)阴离子和非离子组合,如:

$$R-O(CH_2-CH_2-O)_nSO_3^-$$

(3)阳离子和非离子组合,如:

$$R-\overset{\overset{\displaystyle (CH_2-CH_2-O)_nH}{|}}{\underset{\underset{\displaystyle CH_3}{|}}{N^+}}(CH_2-CH_2-O)_mH$$

两性离子表面活性剂中阴离子和阳离子的强度往往不同。它与一般的阴离子型、阳离子型和非离子型表面活性剂的不同之处在于:两性离子表面活性剂在不同的介质条件下可以表现为阴离子型特性,也可以表现为阳离子型特性。当溶液处于酸性介质条件下,表面活性剂中阳离子的数量多,表现为阳离子型表面活性剂。当溶液处于碱性介质条件下,表面活性剂中阴离子的数量多,表现为阴离子型表面活性剂。由于两性离子表面活性剂的分子中具有两种电性相反的离子性基团,而在不同的介质条件下既可表现为阳离子性,也可表现为阴离子性,因此,两性离子表面活性剂与蛋白质一样,也具有等电点。当溶液处于等电点的介质条件下,两性离子表面活性剂表现为非离子型表面活性剂。

在天然纤维初加工中,具有以下特点:

(1)能和任何类型的表面活性剂混合使用。

(2)耐硬水,在多价金属离子存在的情况下仍具有良好的洗涤作用。

两性离子表面活性剂具有乳化、渗透、洗涤作用,可对羊毛进行洗涤,可对绢纺原料进行精练。

第三节　表面活性剂在天然纤维初加工中的应用

一、乳化作用及在初加工中的应用

在天然纤维初加工中,利用表面活性剂的乳化作用来完成的有:麻纤维脱胶中的给油、软麻工程中的加乳化液、毛纺工程中的加和毛油、绢纺原料的脱蛹油。

(一)乳化液

乳化液是一种粗分散体系,这类分散体系一般是由两种互不相溶的液体组成的,两种液体中的一种以小液滴的状态均匀地、稳定地悬浮在另一液体中,呈乳白色。

在乳化液中,两种互不相溶的液体通常是指油和水。油是一种广义的概念,指凡不与水相溶的有机物质如油、脂肪、蜡、苯等物质。以小液滴存在的那个相称为内相或分散相,另一相称为外相、连续相或分散介质。乳化液的构造如图2-9所示。

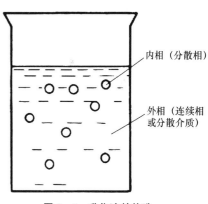

内相(分散相)

外相(连续相或分散介质)

图2-9　乳化液的构造

乳化液有两种类型:一种是油在水中型(O/W),乳化液中油为内相,水为外相,在天然纤维初加工中使用的乳化液是此类。另一种是水在油中型(W/O),乳化液中水为内相,油为外相。

(二)乳化剂

油与水是不能互相混合的,即使在激烈的搅拌下,油与水虽然可暂时比较均匀地混合在一起,但一旦停止搅拌,油水就会重新分离。油的密度比水小,所以油总是浮在水的上面,油、水界面极其明显。在其中加入乳化剂,微小的油滴粒子就能均匀地分布在水中,可以长期保持稳定而不分层。

乳化剂是指那些能降低油、水界面张力,使一种液体以极小的液滴(直径小于$2\mu m$)的形式均匀、稳定地分布在另一种液体中的表面活性物质。

通常,减少表面自由能的途径有两种:自发减少界面积、降低表面张力。但是对于乳化液体系来说,表面能的减少通过减少界面积显然是不适当的,减少界面积必定要破坏乳化液的稳定性使其分层。乳化液两液体之间的界面积要尽可能扩大,又要减少表面能,只有通过大大降低界面张力的方法,最简单的方法就是在油、水液体之间加入乳化剂。

(三)乳化液的形成过程

1. 油在水中型乳化液 O/W 的形成　肥皂是高级脂肪酸的钠盐或钾盐,以钠盐为例,其结构为:

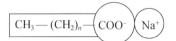

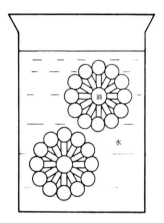

图 2 - 10　油在水中型(O/W)乳化液

其中烷烃基为亲油基,羧酸盐基为亲水基,由于肥皂分子两端受到油、水分子相斥、相吸的结果,使肥皂分子定向地吸附在水相和油相之间,亲油基指向油,亲水基指向水,由于亲水基的作用范围大于亲油基的作用范围,因此,油液被分隔成微小的液滴存在于水相中间,形成了油在水中型乳化液。肥皂的单分子膜紧紧地包围在油滴的外表,于是防止了由于液滴之间相互碰撞而造成重新凝聚的现象,从而增加了乳化液的稳定性,如图 2 - 10 所示。

2. 水在油中型乳化液 W/O 的形成　钙皂是高级脂肪酸的钙盐,其结构为:

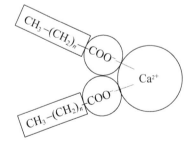

钙皂定向地吸附在水相和油相之间,亲油基指向油,亲水基指向水,由于亲油基的作用范围大于亲水基的作用范围,因此,水相被分隔成微小的液滴存在于油相中间,钙皂的单分子膜紧紧地包围在水滴的外表,形成了水在油中型乳化液,如图 2 - 11 所示。

3. 乳化液的转相　O/W 型乳化液一旦遇到多价金属离子(如 Ca^{2+}、Mg^{2+} 等),就可使 O/W 型乳化液转变为 W/O 型乳化液而浮在液面上,通常称为"油渣"。这种 O/W 型乳化液变为 W/O 型乳化液的现象叫"转相"。

在调配 O/W 型乳化液时,如用肥皂做乳化剂,则使用的水事先都需经软化处理,以尽量降低水中的多价金属离子含量。

(四)乳化液的应用

乳化液中的油相可以用植物油、矿物油、合成油、动物油等，制成的乳化液渗透性、平滑性、纤维的抱合性、抗静电性等指标较好。不同的纤维要求不同：

(1)麻纤维用油剂要求渗透性、平滑性、纤维的抱合性要好。

(2)毛纤维用油剂要求渗透性、纤维的抱合性要好，对平滑性及抗静电性有更高的要求。

(3)合成纤维用油剂突出要求纤维的抱合性、平滑性及抗静电性。

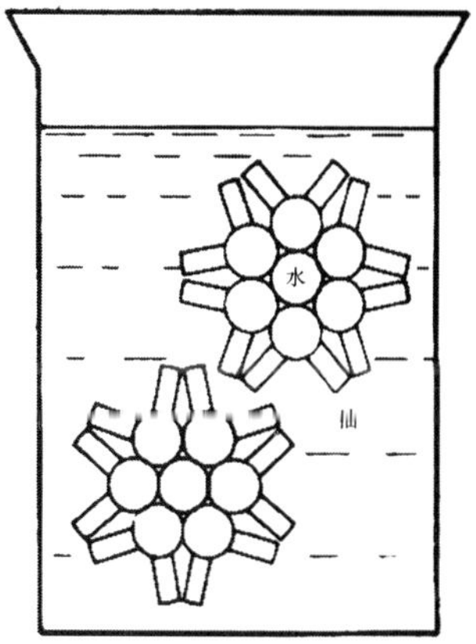

图 2 - 11　水在油中型(W/O)乳化液

(五)乳化液的制备

乳化液的制备方法，一般有以下几种：

1. 剂在水中法　将乳化剂直接溶于水中，在剧烈的搅拌下，将油逐步加于其中，直接生成 O/W 型乳化液。

2. 剂在油中法　将乳化剂溶于油中，有两种方法：

(1)在剧烈的搅拌下，将乳化剂与油的混合液直接加于水中，可自发地形成 O/W 型乳化液。

(2)在剧烈的搅拌下，将水逐步地加于乳化剂与油的混合液中，最初形成 W/O 继续加水，直到转相为止，即转变为 O/W 型乳化液。

3. 初生皂法　用肥皂做乳化剂的 O/W 型或 W/O 型乳化液都可用此法。将脂肪酸溶于油中，将碱溶于水中，在剧烈的搅拌下，将一种混合液逐渐加于另一种混合液中，两种混合后即在油水面上生成肥皂，直接乳化油与水，因而得到较为稳定的乳化液。

4. 轮流加液法　将水和油在剧烈的搅拌下轮流加入乳化剂中，每次加的量宜少，加的次数宜多，最后可做成较为稳定的乳化液。这种方法一般都用于制备乳化液量大的场合，使搅拌均匀，乳化液稳定性较好。

(六)乳化液的稳定性

稳定性的好坏视其稀溶液在静置条件下油、水分层时间的长短，即油相离析出来的时间长短而定。提高乳化液稳定性的措施有：

(1)选配合理的配方。每种油的本身都有各自的 HLB 值，而每种油对乳化剂 HLB 值的要求也不同。根据不同油所需要的 HLB 值去选择适当的乳化剂及其用量。但油本身的 HLB 值不一定就是乳化所需要的 HLB 值。乳化不同的油所需的 HLB 值如表 2 - 1 所示。

以和毛油为例，使用矿物油，乳化该油所需的 HLB 值为 10.5 左右。拟选用两种乳化剂，S - 40(HLB 值为 6.7)和 T - 60(HLB 值为 14.9)。若 S - 40 的用量为 x，则 T - 60 的用量为 $1-x$。混合乳化液 HLB 值＝$6.7x+14.9(1-x)=10.5$，则 $x=54\%$，$1-x=46\%$，经过稳定性试验，调整混合乳化剂与油的比例。

表 2 - 1 乳化不同油所需的 HLB 值

乳化对象	需要的 HLB 值		乳化对象	需要的 HLB 值	
	O/W 型	W/O 型		O/W 型	W/O 型
植物油	9～12.5	—	脂肪酸酯	11～13	—
石蜡	9	4	液体石蜡	12～14	8～9
轻质矿物油	10	4	锭子油	12～14	—
重质矿物油	10.5	4	无水羊毛脂	14～16	8
矿物油(密封用)	10.5	—	油醇	16～18	7～8
石油	10.5	4	油酸	16～18	7～11
机械油	10～13	—	硬脂酸	17	—

从上例可见,制成稳定的乳化液一般都需选用两种以上的乳化剂、调节 O/W 型乳化液所需乳化剂的 HLB 值应在 8～18 范围内。只要油与乳化剂的 HLB 值选择合理,即使应用很少的乳化剂也可制成相当稳定的乳化液,否则,乳化剂用量再多,甚至超过 50％ 以上也很难达到良好的效果。

(2)正确的操作程序及方法。制备乳化液的过程及方法看起来比较简单,但也要按工作规程认真操作,否则油滴粒子过大,乳化液的稳定性差,油、水很容易分层,而且油、水一旦分层后很难纠正。

(3)正确掌握工艺参数。掌握制备时油、水的温度,搅拌的时间,乳化剂的用量等。

二、润湿渗透作用及在初加工中的应用

润湿作用是指一滴液体滴落在固体表面上,液体在固体表面上的扩散程度。那些能使液体迅速而均匀地润湿某种固体物质的表面活性剂称为润湿剂。

渗透作用指液体能均匀而迅速地扩散到某种固体物质内部的程度。那些能使液体均匀而迅速地渗透到某种固体物质内部的表面活性剂叫渗透剂。

在天然纤维初加工中脂肪、蜡质等物质与水形成的接触角大于 90°,表现出强烈的疏水性,不易润湿。脱过胶的麻纤维,纤维表面的蜡质易被去除,所以接触角小于 90°,精干麻和洗净毛,视其含残油率的多少而定,可能接触角大于 90°,可能接触角小于 90°。在大多数情况下,纤维表面含有脂肪、蜡质,其接触角均大于 90°,因而在纤维的初加工中,均使用一定量的润湿剂,以降低纤维与水之间的界面张力,减小接触角,增大润湿功,以利于纤维初加工。

表面活性剂润湿作用与渗透作用的大小与表面活性剂的离子类型及其结构,如碳链的长短、是否带支链等因素有关。此外,也应该根据溶液的性质加以选择,以溶液的 pH 值为例,在中性及碱性介质中以使用阳离子型渗透剂为宜,在中性及酸性介质中以使用非离子型渗透剂为宜。很少使用阴离子型及两性离子表面活性剂。在选择渗透剂时,要注意使用时的介质温度,超出温度范围,渗透剂失效。

三、抗静电作用及在初加工中的应用

(一)静电的产生

天然纤维初加工中纤维材料导电性能均较差。由于纤维间互相摩擦,纤维与机件间摩擦,使双方各自带上了符号相反的电荷,从而产生静电现象。两物体间相互摩擦产生的静电大小如表2-2所示。表中两物体摩擦时,靠近左边的物体易带正电荷,靠近右边的物体易带负电荷,当试验条件变动时,表中带电顺序可能会稍有变动。

表 2 - 2　物体间相互摩擦时的带电顺序表

玻璃	羊毛	绢丝	棉纤维	麻纤维	钢铁	硬质橡胶

越靠近左边,摩擦时越易带正电荷
←

(二)消除静电的措施

1. 降低摩擦系数　在纤维表面上形成一层薄膜,减少纤维与机件、纤维与纤维的摩擦系数,减少静电荷的产生。

2. 正负电荷中和法　在静电现象产生的过程中,纤维表面上带有一定电性的电荷,为减少静电荷在纤维表面上的积累量,中和的方法有两种:

(1)可事先在纤维表面附以电性符号相反的物质,以不断中和纤维表面上产生的静电荷。

(2)让带电纤维通过电场,与电性符号相反的电极接触,中和电荷。

3. 导电法　由于纤维是电的不良导体,因此,只要在纤维表面上造成导电条件,即可使产生的静电荷不断地被导通疏散减少静电荷的积累。导通方法主要有两种:

(1)赋予纤维表面一定的离子层,降低纤维的表面电阻率,使纤维表面具有导电性,以不断导通产生的静电荷。

(2)保持纤维具有一定的回潮率,水分子是有极性的,在纤维中保留一定的水分,可降低纤维的绝缘性,防止静电荷积累。

(三)纺织用抗静电剂

纺织用抗静电剂有离子型抗静电剂和非离子型抗静电剂,离子型抗静电剂有阴离子型抗静电剂、阳离子型抗静电剂、两性离子抗静电剂。影响抗静电剂的抗静电效果还与纤维的种类和规格、纤维的回潮率、含油率、车间的相对湿度等因素有关。

四、洗涤作用及在初加工中的应用

具有洗涤作用的表面活性剂称为洗涤剂。洗涤剂的作用就是去除纤维上的各种污物杂质。洗涤剂能降低相界面上水的表面张力,即洗涤剂有良好的润湿作用,能润湿纤维并脱去其表面的油物、杂质。洗涤剂具有分散作用和保护胶体的作用,使被洗涤下来的油污、杂质分散在洗液中,不会重新附着在纤维表面上。

(一)洗涤原理

在纺织纤维的表面上均含有种类不一、数量不等的脂肪、蜡质等物质。有的是本身就有的

(如羊毛脂),有的则是外加的(如苎麻精干麻中油脂),纤维中存在的这些杂质、污物有的影响到织物的后加工,有的影响到纺纱加工,应加以去除。

以羊毛为例。原毛纤维中含有大量的污物,这些污物不仅影响产品质量、污染环境,并使纺纱工艺难以正常进行,因此羊毛的初加工中必须将其去除,最简单的方法就是洗涤,即使用各种洗涤剂洗涤羊毛、去除原毛中的脂、汗和其他各种杂质。

1. 脱除作用 洗涤剂对羊毛脂的脱除作用可用图2-12来说明。

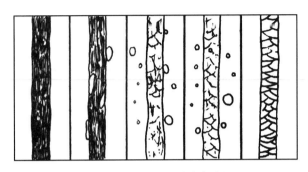

图2-12 羊毛油脂的洗涤过程

羊毛油脂的洗涤过程:

(1)净洗前,羊毛表面上含有较多的油脂。

(2)纤维浸入洗涤剂的溶液中时,受到洗涤剂的作用,油污与羊毛间的作用减弱。

(3)油珠脱离纤维表面进入洗涤液中。

(4)洗净毛纤维。

2. 静电排斥作用 纤维与水或含盐水溶液接触时,表面带负电荷并形成一扩散双电层,具有负的动电电位。同样,在油污粒子表面也形成一扩散双电层,具有负的动电电位,因此纤维洗涤过程就是这两个扩散双电层间相互排斥、相互分散的过程。这个过程与洗涤液的温度、pH值、类型、浓度、用量及浴比有关。油污被分散后,由于负电荷间相互排斥,被脱下的油污粒子就不会再沉积在纤维表面了。

(二)选择洗涤剂注意事项

常用的洗涤剂主要有阴离子型洗涤剂、阳离子型洗涤剂和非离子型洗涤剂等,在选择和使用洗涤剂要注意以下几点:

(1)净洗的油污特性及含量。

(2)纤维材料的种类、性质及表面状态。

(3)溶液的pH值。不同的洗涤剂其分子结构不同,因此在不同的介质条件下洗涤效果不同,控制溶液的pH值就在于保证洗涤剂具有最佳的洗涤效果。特别是蛋白质纤维是两性化合物,具有等电点,在等电点前、后,纤维表面的动电电位电性不同,洗涤液的pH值控制不当可能导致相反的结果。

(4)洗涤的温度。各种洗涤剂由于结构不同在不同温度下洗涤效果不同。选择洗涤剂时应尽量选择那些适用温度低而洗涤效果好的品种,以节约能源,改善车间劳动环境。不同的油污具有不同的熔点,洗涤液的温度一般应控制比油污熔点稍高些。在大多数情况下,提高洗涤温度,洗涤效果也相应提高,但温度不可过高,否则易破坏洗涤剂的结构,反而降低洗涤效果,同时损伤纤维。

(5)洗涤的时间。取决于纤维材料的种类、沾污程度及洗涤剂的特点。适当延长洗涤时间可以增加洗涤效果,但洗涤时间过长可能会损伤纤维。

(6)洗涤剂的用量和浓度。不同的洗涤剂必须在一定的浓度下方可收到最佳的洗涤效果。洗涤剂的浓度接近临界胶束浓度时有最佳的洗涤效果。

习题

1. 解释下列概念。

表面张力、表面自由能、临界胶束浓度 CMC、亲水亲油平衡值 HLB、阴离子型表面活性剂、阳离子型表面活性剂、非离子型表面活性剂、两性离子表面活性剂、乳化液、内相、外相、乳化剂、润湿作用、渗透作用、润湿剂、渗透剂

2. 说明接触角与各种表面张力的关系。

3. 画图说明表面活性剂的结构特点。

4. 简述表面活性剂的作用原理。

5. 说明不同浓度下表面活性剂分子的存在情况。

6. 说明 HLB 值的大小与表面活性剂的性能的关系。

7. 表面活性剂的分类有哪些?

8. 说明阴离子型表面活性剂的结构特点及使用特点。

9. 说明阳离子型表面活性剂的结构特点及使用特点。

10. 说明非离子型表面活性剂的结构特点及使用特点。

11. 画图说明油在水中型乳化液 O/W 的形成。

12. 画图说明水在油中型乳化液 W/O 的形成。

13. 为什么用肥皂做乳化剂调配 O/W 型乳化液时,水要经软化处理?

14. 乳化液的制备方法有哪些?

15. 提高乳化液稳定性的措施有哪些?

16. 消除静电的措施有哪些?

17. 说明羊毛油脂的洗涤过程。

第三章　毛纤维初加工化学

本章知识点

1. 羊毛的分类、毛纤维的生长及羊毛初步加工。
2. 羊毛杂质的成分及其性质。
3. 毛纤维洗涤的目的、要求，洗涤用剂，洗涤作用原理。
4. 开毛、洗毛、烘毛的目的、原理及工艺过程。
5. 毛纤维炭化的目的、方法及工艺，酸对植物性杂质及羊毛纤维的作用。

第一节　毛纤维的生长及初步加工

羊毛的品质因绵羊品种、地区和饲养条件的不同有很大差异。同一地区、同一品种的绵羊，所产的羊毛品质也有所不同。即使同一只绵羊身上，不同部位的品质也不相同，如图 3-1 所示。

绵羊毛各部分的品质主要为：

（1）肩部毛：全身最好的毛，密度大、细而长，鉴定羊毛品质常以此部分为标准。

（2）背部毛：毛较粗，品质一般。

（3）体侧毛：质量与肩部毛近似，油杂略多。

（4）颈部毛：纤维长，有粗毛、结辫、油杂少。

（5）脊部毛：松散，有粗腔毛。

（6）胯部毛：毛较粗，有粗腔毛，有草刺缠结。

（7）上腿毛：毛短，草刺较多。

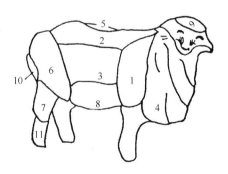

图 3-1　绵羊各部位羊毛品质分布图

（8）腹部毛：细而短、柔软，毛丛不整齐，近前腿部毛质较好。

（9）顶盖毛：毛短质次、草杂多、含油少。

（10）臀部毛：毛脏，带尿渍、粪块，油杂重。

（11）胫部毛：全是发毛和死毛。

为更好地利用羊毛，做到优毛优用，必须对羊毛进行分类。羊毛分类是在牧区进行的粗分，目的在于为工厂对羊毛原料进一步精分（选毛）创造良好的条件。

一、羊毛的分类

牧区对羊毛的分类可按下列原则进行：

(一)按羊毛粗细和组织结构分类

1. 细绒毛　纤维直径在 $30\mu m$，无髓质层，鳞片多呈环状，油汗多，卷曲多，光泽柔和。

2. 粗绒毛　较细绒毛粗，直径在 $30\sim52.5\mu m$ 之间，一般无髓质层。

3. 粗毛　有髓质层，直径在 $52.5\sim75\mu m$ 之间，卷曲少，纤维粗直，抗弯刚度大，光泽强。

4. 发毛　有髓质层，直径大于 $75\mu m$，纤维粗长，无卷曲，在一个毛丛中经常突出于毛丛顶端，形成毛辫。

5. 腔毛　在改良毛、土种毛和 60 支以上支数毛中，当在 500 倍显微投影仪下观察时，髓腔长达 25mm 以上，宽为纤维直径 1/3 以上的羊毛纤维，称为腔毛。通常将粗毛、发毛和腔毛统称为粗腔毛。

6. 两型毛　一根毛纤维有显著的粗细不匀，兼有绒毛和粗毛的特征，有断续的髓质层，称为两型毛，我国没有完全改良好的羊毛大多含这种类型的纤维。

7. 死毛　除鳞片层外，整根羊毛充满髓质层的羊毛纤维，称为死毛。死毛呈枯白色，纤维脆弱易断，不易染色，无纺织价值。

(二)按绵羊品种分类

1. 土种毛　我国未经改良的原有羊种所产的羊毛称土种毛。因羊种、产区及饲养管理条件的不同，不同的土种羊毛品质有很大的差异。

2. 改良毛　由国外引进的优良羊种(或国内已改良好的优良羊种)与国内土种羊杂交培育出的改良羊所产的羊毛。由于改良羊代数的不同，所产羊毛的品质也不同，一般代数越高，毛质越好。

(三)按纤维类型分类

1. 同质毛　假如在同一毛被上的羊毛纤维都属于同一类型，称为同质毛。同质毛按细度又可分为：

(1)细毛。品质支数在 60 支及 60 支以上的羊毛(平均直径在 $25\mu m$ 以下)。

(2)半细毛。品质支数在 $46\sim58$ 支(平均直径为 $25.1\sim37\mu m$)的羊毛。

(3)粗长毛。品质支数在 46 支以下(平均直径在 $37\mu m$ 以上)，长度在 10cm 以上的羊毛，实际上粗长毛包括半粗毛(平均直径为 $37\sim62\mu m$)和粗毛(平均直径在 $62\mu m$ 以上)。

2. 异质毛　假如同一毛被上的羊毛纤维不属同一类型，同时含有细毛、两型毛、粗毛、死毛不同类型的羊毛，称为异质毛。

我国改良毛基本上属同质毛，而土种毛则属异质毛。

(四)按剪毛季节分类

土种羊一年中剪两次毛，分别称作春毛和秋毛。改良羊毛每年只剪一次毛，无春毛和秋毛之分。

1. 春毛　每年春季 3~4 月剪下的羊毛为春毛。春毛在绵羊身上生长时间较长，而且经过冬季，纤维长，底绒厚，但是因受寒风侵蚀，毛尖较粗，冬季受饲养条件限制，可能使纤维变细，出现弱节,含土杂较多,净毛率较低。

2. 秋毛 当年春季剪毛以后到秋季再剪下的羊毛称为秋毛。秋毛在绵羊身上生长时间较短,纤维也较短,但由于夏季水草丰盛,绵羊营养好,所以细度比较均匀,羊毛洁净,光泽好,无底绒。

有些地方夏季还剪一次毛,称为伏毛,伏毛纤维短,品质差。

二、羊毛的生长

羊毛纤维的生长不仅决定于绵羊的内在因素(品种),而且在相当程度上还决定于外界因素(饲养、看护及管理等)。羊毛的生长情况主要体现在毛纤维的长度和细度两个方面。

(一)长度

羊毛长度对于毛纱质量具有重要意义。毛纤维的长度决定于品种、性别、年龄、饲养管理条件和绵羊的生理状况等。细毛较短,粗毛则长些,公羊比母羊的毛纤维长些,老龄羊的毛纤维生长速度慢些,另外,食物的营养价值是影响羊毛纤维长度的主要因素。

(二)细度

羊毛纤维的细度是不均匀的,这不仅表现在不同品种的羊毛上,甚至同一根羊毛纤维的全部长度上细度也不一样,羊毛细度对毛纺工业加工来说具有重大意义。细度决定于年龄、性别、营养条件和生长季节等,羊毛细度随绵羊年龄变化的规律十分明显,绵羊幼年时羊毛细而柔软,到达性成熟时,毛即开始变粗,而且一直继续到 5 岁左右,其后又随着绵羊年龄的增加毛纤维变细。

三、羊毛的初步加工

羊毛的初步加工又称原毛准备。

(一)原毛的概念

从绵羊身上剪下来的,含有羊毛脂、羊汗、土杂等未经任何加工的羊毛称为原毛,工厂也称为污毛。原毛不能直接用于纺织加工,羊毛初步加工就是工厂将购进的原毛,按照工业分级标准进行分选,以充分合理地利用羊毛资源,提高毛纺织产品质量,并采用机械、物理化学和化学的方法除去原毛中所含脂、汗、土杂及植物性杂质,为纺织加工提供符合要求的原料。

(二)羊毛初步加工

羊毛初步加工工艺过程包括选毛(羊毛的分支或分级)、开毛、洗毛、烘毛,在粗梳毛纺系统的羊毛初步加工中,为了去除植物性杂质还需要对洗净毛进行炭化(含植物性杂质或纤维素纤维较多时),在羊毛初步加工中应该尽量减少对羊毛纤维的损伤。

1. 选毛 选毛又称为羊毛的分支、分级。按照细毛工业分级标准,根据物理指标和外观形态(纤维含量、毛丛形状、结构、油汗、手感、卷曲等指标),分支数毛和级数毛。

支数毛属于同质毛,按照细度分为 70 支、66 支、64 支及 60 支四档。粗腔毛率作为企业保证条件,在 70 支、66 支毛中不允许有干死毛。若粗腔毛率超过规定或含干死毛,则另行处理。

细度离散及油汗为参考条件,支数毛的品质标准如表3-1所示。

表3-1 支数毛的品质标准

支 别	平均细度（μm）	细度离散率（%）	粗腔毛率（%）	油汗不少于毛丛长度
70支	18.1～20.0	≤24	≤0.05	2/3
66支	20.1～21.5	≤25	≤0.10	
64支	21.6～23.0	≤27	≤0.20	1/2
60支	23.1～25	≤29	≤0.30	

级数毛属于基本同质毛和异质毛,根据粗腔毛率分为一级、二级、三级、四级甲、四级乙、五级,共六档,平均细度作参考条件,级数毛的品质标准如表3-2所示。

表3-2 级数毛品质标准

级 别		平均细度（μm）	粗腔毛率（%）
一级		≤24.0	≤1.0
二级		≤25.0	≤2.0
三级		≤26.0	≤3.5
四级	甲	≤28.0	≤5.0
	乙	≤30.0	≤7.0
五级		>30.0	>7.0

工业分级标准将毛丛自然长度分四类:一类为8cm及以上,二类为6cm及以上,三类为5cm及以上,四类为4cm及以上。其中6cm及以上为标准长度,8cm及以上为特级长度,4cm及以下为短毛。

2. 开毛 开毛是利用一些机件的相互作用对毛块进行撕扯、打击或撞击,以破坏纤维之间及纤维和杂质之间的联系,使大毛块松解,逐步分解成小毛块和毛束,同时将羊毛中的杂质排出。

3. 洗毛 洗毛就是利用化学、物理和机械的方法,去除原毛中所含的过多脂汗和土杂,得到较为纯净的羊毛纤维(洗净毛),以满足纺织加工对原料的要求。

4. 烘毛 烘毛就是在不影响纤维品质的前提下,采用最快、最经济的烘干方法,去除过多的水分,使之符合生产加工的要求。

5. 炭化 炭化加工是利用硫酸处理含有植物性草杂的羊毛,使酸与草杂发生作用而将其去除,以利于后道工序的加工。

第二节 羊毛的杂质及其性质

羊是食草性动物,在生长过程中,由于自身代谢作用而产生大量的分泌物,其中有相当部分就沾污在羊毛纤维上,羊又长时期放牧在野外,生活在草丛中,因此羊毛中又夹杂了一定数量的沙土和草杂,此外,为区分羊群打的印记,医病用的药物等,所有这些物质构成了羊毛中的污物,污物的种类不同,各自的性质也不同。

从羊身上剪下而未经工厂加工的毛称为原毛。由于原毛中带有各种杂质而无法直接用于纺织加工,清除杂质是对羊毛进行初步加工的重要任务,所以需要了解羊毛污物的组成与性质,以便选用有效的加工方法加以去除。

一、羊毛脂的成分及其性质

(一)羊毛脂的成分

在羊毛的皮肤内分布着丰富的脂肪腺,脂肪腺导管开口在羊毛纤维周围,羊毛脂就是脂肪腺的分泌物。由于羊毛脂有一定的黏性,依靠羊毛脂将相邻的毛纤维黏结成束,减少纤维直接暴露在空气中的面积,防止风蚀的损伤和尘土的侵入。它的存在与含量将关系着外界环境条件对羊毛纤维的影响程度。原毛含脂的多少取决于羊的品种、生活环境、饲养条件及羊毛的类型。在供纺织用的动物毛中,绵羊毛含脂量最高,山羊绒(毛)、骆驼绒(毛)、牦牛绒(毛)及兔毛等含脂量较低。

羊毛脂的组成极为复杂,是数千种化合物的混合物。它不同于一般的油脂,其组分中不含甘油酯,主要是高级脂肪酸和高级一元醇及其酯类的复杂混合物。羊毛脂的化学组分主要是酸和醇两大类化合物:一类是不皂化物,即高级醇类化合物,约占羊毛脂总重量的30%~50%;另一类是脂肪酸,约占羊毛脂总重的50%~70%。

羊毛脂中主要含羊毛脂酸、羊毛脂醇和烃三类。

1. 羊毛脂酸 羊毛脂酸包含脂肪酸、α-羟基酸、ω-羟基酸、多羟基酸及不饱和酸。在每一组酸中又包含有直链、异支链、反异支链系列。目前分离出的酸有30多种,其中直链酸含量较少,约占脂肪酸总量的9.5%,支链酸含量较多,约占脂肪酸总量的60%,羟基酸含量较少,约占脂肪酸总量的28%。羊毛脂肪酸主要组分碳链中原子数约在10个以上,高者达30个以上,高碳烷酸的存在影响羊毛脂的熔点,碳链越长,熔点越高,所以羊毛脂中碳数多的脂肪酸含量升高以后,其熔点也随之升高,如表3-3所示。

表3-3 羊毛脂中高碳原子数脂肪酸含量与熔点

高碳原子数脂肪酸含量(%)	16.81	19.86	20.33
熔点(℃)	35	41.8	42.8

2. 羊毛脂醇 羊毛脂醇可以分为脂肪醇(约占22%)、甾醇(约占72%)及三萜烯醇[一般通式为$(C_5H_8)_n$的链状或环状烯烃类]。

3. 烃 烃只占羊毛脂总量的0.5%左右。

(二)羊毛脂的性质

1. 羊毛脂的皂化 羊毛脂中的部分游离脂肪酸能与碱发生皂化作用,生成脂肪酸盐,溶于水中之后继续参与洗涤羊毛。

高级脂肪醇遇碱不能皂化,因此单独使用纯碱不能将羊毛脂洗净,利用乳化的办法才能达到去除羊毛脂的目的。

2. 羊毛脂的酸值、碘值、皂化值和不皂化物与羊毛洗涤的关系

(1)酸值。酸值是表示羊毛脂中游离脂肪酸含量的指标。羊毛脂中的游离脂肪酸可与碱发生皂化作用,在洗涤过程中可被碱或羊汗(含钾盐)中和生成肥皂,有利于洗涤,故此值高,易于洗涤。

(2)碘值。碘值是表示羊毛脂中不饱和成分含量的指标,是样品所能吸收碘的质量百分数,主要用于油脂、蜡、脂肪酸等物质的测定,不饱和程度越大,碘值也越大。例如干性油的碘值在130g/100g 以上;半干性油的碘值在 100g/100g~130g/100g;非干性油的碘值在 100g/100g 以下。

羊毛脂醇不溶于水,遇碱也不能皂化,不少醇具有不饱和的双键,因而碘值越高,越难洗涤。

(3)皂化值。皂化值是表示羊毛脂中脂肪酸总含量的指标。此值越高越容易洗涤,脂肪酸中碳链越长(相对分子质量越大),其皂化值越低,羊毛脂的熔点越高,要在较高的温度下,才能取得较好的洗涤效果。

(4)不皂化物。不皂化物是指羊毛脂中不与 NaOH 起作用的物质,此值越高越难以洗涤。

3. 羊毛脂的溶解性 羊毛脂酸中的羧基和羊毛醇中的羟基都具有亲水性,而疏水的烃基或复杂的环状结构在羊毛脂组分中占绝对的优势,这就使羊毛脂不能溶于水,但可以溶解于有机溶剂(乙醚、苯、乙烷等)之中,因此产生了溶剂洗毛的加工方法。

4. 羊毛脂的色泽、气味、熔点 羊毛脂是一种从浅黄色至褐色(随羊毛种、产地而异)的膏状物质,并有特殊气味,一般羊毛脂的熔点为 37~45℃。在洗涤羊毛时,槽液温度通常都要高于羊毛脂的熔点。

5. 羊毛脂的密度 羊毛脂的密度为 0.94~0.97g/cm³,比水要轻,这是工厂使用离心分离法从洗毛废水中提取羊毛脂的依据。

6. 羊毛脂的吸水能力及对氧气的稳定性 羊毛脂的吸水能力强(能吸收 200%~300%的水),具有易渗透至皮肤细孔中的特征,用羊毛脂制成药膏或其他制品及化妆用品,可以预防疾病、使皮肤保持润湿和防止干裂。由于羊毛脂具有对大气中氧气的高度稳定性,可用作金属表面的防锈剂。

二、羊汗的成分及其性质

(一)羊汗的成分

羊汗是羊皮肤中汗腺的分泌物,在羊毛纤维表面变干成为盐。羊汗的含量随羊的品种、年龄等而不同。一般细羊毛含汗量低,粗羊毛含汗量高。在羊汗的各种成分中含有少量无机酸(盐酸、磷酸、硫酸、碳酸及硅酸)的钾盐和相当数量的有机脂肪酸钾盐,主要是在 8℃时熔化的丁酸和在 69.3℃时熔化的硬脂肪酸的盐类。

(二)羊汗的性质

羊汗容易溶解于水,尤其是溶于温水,在洗涤过程中很容易去除。羊汗溶液中的碳酸钾遇水后水解生成氢氧化钾,可以皂化羊毛脂中的游离脂肪酸,生成钾皂,有利于洗毛的进行。

$$K_2CO_3 + 2H_2O \longrightarrow 2KOH + H_2CO_3$$
$$KOH + RCOOH \longrightarrow RCOOK + H_2O$$

在浸渍槽中,虽然不添加任何洗涤剂和助洗剂,但由于羊汗的溶解和积累,也能洗除一部分羊毛脂。利用羊汗直接进行洗毛的方法,称为羊汗洗毛法。如果将浸渍槽槽液浓缩或延长槽液持续洗毛的时间,使浸渍槽中溶解的羊汗量增多,槽水中羊汗浓度提高,将能发挥更大的除脂、去杂的作用。利用羊汗进行洗毛不仅可以节省洗涤剂和助洗剂的用量,而且由于羊汗的成分呈弱碱性,对羊毛纤维的损伤更小。

三、羊毛中沙土、粪尿的成分及其性质

(一)沙土

在国产羊毛中含有大量的沙土,这对羊毛初步加工的进行及羊毛的洗涤极为不利。羊毛中所含沙土的成分与性质和羊毛的产地、羊的生活环境、条件有关,如我国新疆地区多为碱性土壤,羊毛中所含土杂的碱性较强,洗毛时可少加些碱性助洗剂,以免损伤纤维,甚至可采用酸性洗毛的方法,如洗液中加入冰醋酸,效果更好。

沙土成分中的钙、镁和铁元素化合物的存在及其含量的多少,对羊毛初加工工艺与洗净毛质量有较大的影响,因为这些化合物溶于水以后会生成钙、镁离子(Ca^{2+}、Mg^{2+}),增加水的硬度,影响洗涤效果,增加洗涤剂和助洗剂的耗用量,降低洗毛的质量。表 3-4 中列出了新疆羊毛和澳毛土杂成分中氧化铁、氧化钙、氧化镁的含量。

表 3-4 原毛土杂中氧化铁、氧化钙、氧化镁含量(%)

成　分	Fe_2O_3	CaO	MgO
64 支澳毛	1.56	0.13	0.30
新疆细支改良毛	5.05	3.06	2.69

(二)粪尿

粪尿的主要成分是尿素、尿酸等。羊毛长期接触羊尿会形成尿黄毛,影响洗净毛的白度和质量。

四、植物性杂质

植物性杂质主要是指草叶、草秆、草籽等物质。它们的主要成分是纤维素及其伴生物。植物性杂质的存在影响纺纱加工的顺利进行和染色后形成呢绒的表面疵点等。酸对纤维素大分子中苷键的水解起催化作用,使聚合度降低,植物性杂质经过稀酸浸泡后经高温焙烘,酸液浓缩可以使草杂脱水成炭,羊毛初加工中,常用此法去除植物性杂质。

另外,羊毛还有其他杂质,如印记、药剂等,其成分与性质取决于印记和药剂的种类。

第三节　毛纤维的洗涤

毛纤维的洗涤工艺过程包括开毛、洗毛、烘毛等加工过程,原毛经过洗涤加工变成洗净毛。

一、洗涤的目的及要求

在原毛中含有较多种类并有碍于纺织加工的杂质,清除各种杂质是羊毛初步加工的主要任务。洗涤的目的是应用化学、物理和机械的方法,去除原毛中过多的脂汗和土杂,得到较为纯净的羊毛纤维(洗净毛),以满足纺织加工对原料的要求。

洗净羊毛的前提是不损伤羊毛或少损伤羊毛纤维优良性能,羊毛洗涤不干净或在洗涤中纤维损伤过大,都会给以后的加工和产品的质量带来不利的影响。

洗毛是羊毛初步加工中的重要工序,洗毛工程进行得好坏不仅影响洗净毛的质量,最终将集中反映到成品质量上。

目前国内外普遍采用水和洗涤剂进行洗毛的方法,这种方法称为乳化洗毛法。该方法设备简单,但是用水、用汽量多,能耗大,污水量大,而且洗净毛的质量较差,容易产生毡缩,造成化学损伤等。

此外,还有采用有机溶剂进行洗毛的方法,这种方法称为溶剂洗毛法。该方法洗净毛松散度好,避免了废水污染环境,产量高,羊毛脂回收率高,但是设备复杂,密封性要求高,费用大,不安全。

二、洗涤的原理

洗涤可以分为湿洗和干洗两大类型。原毛洗涤属于湿加工,在湿洗过程中除使用大量的热水外,还需一定数量的洗涤剂和助洗剂。最早的洗毛方法是在肥皂和纯碱溶液中进行的,这就是通常所说的皂碱洗毛法,但自从合成洗涤剂问世后,就逐渐用于洗毛工业,合成洗涤剂由于其优良的特性,在洗涤过程中有利于保护羊毛纤维的品质,以提高洗净毛的质量。

(一)洗涤工程用剂

洗涤工程用剂主要是洗涤剂和助洗剂,洗涤剂是具有洗涤作用的表面活性剂,洗涤剂的作用就是去除纤维上的各种污物杂质。助洗剂是一种本身不具有洗涤作用,但溶于水后能提高洗涤剂的洗涤作用的电解质。常用的助洗剂有纯碱(Na_2CO_3)、元明粉(Na_2SO_4)及磷酸盐类。

1. 纯碱(Na_2CO_3)　无论是在皂碱洗毛法还是合成洗涤剂洗毛法中,纯碱是常用的一种助洗剂。在目前常用的助洗剂中,唯独纯碱具有一定的洗涤作用,这是它与其他助洗剂的不同之处。纯碱在洗毛过程中的主要作用为:

(1)中和羊毛脂中的游离脂肪酸。

$$Na_2CO_3 + 2H_2O \Longrightarrow 2NaOH + H_2CO_3$$

$$RCOOH + NaOH \Longrightarrow RCOONa + H_2O$$

生成的肥皂具有洗涤作用，且可以深入到油脂内部，对洗除油污杂质具有一定的效果。

(2)软化硬水。

(3)抑制肥皂水解。

由于碳酸钠水解后生成氢氧化钠，增加洗液中 Na^+ 浓度可有效抑制肥皂的水解，保持洗液的 pH 值稳定，降低洗涤剂的临界胶束浓度，从而节省洗涤剂的耗用量。但羊毛对碱较敏感，碱浓度升高以后会导致羊毛纤维的损伤，强力下降。

2. 元明粉（Na_2SO_4） 元明粉是一种中性助洗剂，也是一种电解质，多用于合成洗涤剂洗毛中，其作用是：

(1)提高洗液的携污力，防止油污再度沾污羊毛纤维。因为元明粉溶于水中后电离出 SO_4^{2-}，增加了溶液中的负离子浓度，这些负离子吸附在羊毛纤维及油污杂质上，增加了 $|-\xi|$ 电位，从而增大了其间的排斥力，有利于油污杂质和羊毛纤维分离，并使油污杂质悬浮、稳定于洗液中。

(2)降低洗涤剂的临界胶束浓度，使洗涤剂在低浓度下就能发挥良好的去污作用，可以节约洗涤剂。因为元明粉在水溶液中电离之后也增加了溶液中的 Na^+ 浓度，可以抑制洗涤剂的水解。

(3)降低洗液的表面张力，改善润湿力、乳化力和泡沫力。因为加入元明粉以后，溶液中的离子浓度增加了，促使洗涤剂分子更容易吸附于羊毛纤维和油污杂质的表面，从而降低了洗液的表面张力和洗液与其他相之间的界面张力。

(4)增加洗液洗涤的持续性。因为加入中性盐后一方面降低了洗涤剂的临界胶束浓度，使一定浓度洗液中的胶束充分发挥作用，不至于很快消失；另一方面，电解质电离形成的负离子吸附于羊毛纤维的表面，减少了羊毛对洗涤剂的吸附，使洗涤剂的分子或离子能更好地发挥洗涤作用。

3. 三聚磷酸钠 三聚磷酸钠也是一种助洗剂，其作用是：

(1)三聚磷酸钠具有软化硬水的能力，它能将不溶解的多价金属离子（如钙、镁离子）络合后变成可溶性的复合离子，防止生成钙、镁盐的沉淀，其反应过程为：

$$Na[Na_4(P_3O_{10})] + Ca^{2+} \longrightarrow Na[Na_2Ca(P_3O_{10})] + 2Na^+$$

三聚磷酸钠对其他金属离子如铜、铁、锰等也有类似的作用，尤其用于洗涤含土杂较多的羊毛效果更为明显，可以提高洗净毛的洁白度。

(2)三聚磷酸钠有利于洗液形成较为稳定的乳状液和悬浊液，促使杂质与羊毛纤维完全分离。因为三聚磷酸钠是一种多电荷、有胶束的电解质，这种电荷胶束在洗液中吸附在油滴及固体微粒上，增加了颗粒的 $|-\xi|$ 电位，使其产生排斥力，从而防止污物对被洗物的再度污染，但它因污染环境，故限制使用。

(二)洗涤作用原理

洗涤是个很复杂的过程。羊毛洗涤主要是去除原毛中妨碍纺织加工的各类杂质。

1. 洗涤剂洗涤作用原理和洗毛作用过程

(1)表面吸附层的形成。水的表面张力及水与其他相之间的界面张力都较大(表面张力为7.3cN/m),妨碍了水对其他物质表面的润湿。加入洗涤剂后,在水与油污之间形成吸附层,降低了水与油污之间的界面张力,这一过程称为吸附阶段。

(2)羊毛和油污杂质的润湿。原毛中存在大量的油脂,与水之间的接触角大于90°,具有疏水性,为加速原毛被润湿的过程,改善原毛的润湿性能,则需加入洗涤剂,以提高水对羊毛及油污杂质的润湿性和向缝隙、孔穴渗透的能力,这一过程统称为润湿、渗透阶段。

(3)油污杂质的脱除。一方面,原毛浸入洗液中,纤维和油污杂质的表面很快被水润湿,并同时吸收水分发生膨胀,由于他们的吸水量和吸水速率不一致,膨胀的程度和速率也有区别,两者的相对位置发生了变化。

另一方面,洗液很快地渗进纤维与油污杂质的缝隙、孔穴内部,并在各相界面上产生定向吸附,增大了纤维与杂质缝隙间的距离,破坏了其间的紧密联系。

上述两种作用的结果都促使纤维和油污杂质间的吸引力急剧降低。在洗毛过程中,洗液的流动、耙齿对毛块的拨动及轧水辊的挤压等机械力的作用,都可使联系已减弱的油污杂质从羊毛纤维表面上脱除而进入洗液。

此外,在采用阴离子洗涤剂的情况下,带电粒子吸附在羊毛和油污杂质上后,会使其间产生排斥力。在油污杂质从羊毛纤维脱除的过程中,分子间的引力被克服以后,电荷就开始起作用。由于电荷的存在,有利于油污杂质从羊毛表面脱离,油污杂质稳定在洗液中,这一过程称为脱离阶段。

(4)油污杂质稳定地保留在洗液中。当油污杂质与羊毛分离之后,在机械力的作用下,进一步分散成为小的颗粒,同时洗涤剂的分子和离子吸附于其上,形成保护胶体(离子性洗涤剂在杂质与羊毛脱离后则产生静电排斥力),将油脂、杂质的微粒截留在槽液之中,成为稳定的乳状液和悬浊液的混合体系,不再相互碰撞而合并,也不再沉积在羊毛纤维上重新沾污羊毛,并随着洗液的排放而去除。

油污杂质的分散,尤其是应用强烈分散的合成洗涤剂时,会使部分油污又被羊毛纤维吸收,因为强烈分散的结果会使溶液—油污界面大大增加,以致所有的洗涤剂的分子不足以将全部油污杂质表面包围起来。因此在洗毛实践中选用洗涤剂的浓度往往略高于其临界胶束浓度。

(5)增溶作用。当洗液中洗涤剂的浓度较高时,在液体表面形成吸附层以后,液体中的洗涤剂分子或离子则彼此将各自的疏水端吸附在一起,形成胶束。这种胶束具有将油脂溶解于其间的能力,胶束溶解油脂的现象称为增溶作用。增溶在洗毛除杂的过程中具有重要的作用。

(6)泡沫。泡沫是溶液中洗涤剂分子或离子吸附于空气上而形成的气泡,它比水轻,通常浮于水面上,膜壁较牢固,不容易破裂。人们不能根据泡沫的多少来评价洗涤剂品种的优劣和洗涤作用的好坏。泡沫过多不利于洗涤过程的进行,使羊毛浮于泡沫上而不容易被润湿,但泡沫在一定程度上反映了洗液中洗涤剂的浓度和耗用情况。泡沫在洗涤剂中的主要作用是携污,它能将污垢颗粒浮带至液面,以便去除,因为泡沫的存在能在一定程度上提高洗涤剂的去污能力。

2. 机械力的作用 当洗涤剂的洗涤作用已使羊毛纤维和杂质间的联系力减弱而还不能自动脱落时,洗毛耙齿的拨动、流动液体的冲击及轧水辊压水挤压时的水的冲力等机械力的作用有利于促使杂质迅速与羊毛分离。但需防止机械力的作用过强而引起羊毛纤维的黏缩。

3. 洗涤作用的复杂性 洗涤是一个十分复杂的化学、物理、机械作用的过程,概括起来包括:第一方面,洗涤剂降低洗液表面张力和界面张力以后产生的润湿、渗透、乳化、分散和增溶等一系列作用。第二方面,羊毛表面扩散双电层与羊毛脂、杂质表面扩散双电层间相互作用。第三方面,使脂杂与羊毛最终分离的机械作用。

(三)洗涤用水

在皂碱洗毛中,对水质的硬度有较高的要求,因为采用硬水洗毛时,不仅多耗用洗涤剂和助洗剂,而且洗毛过程中产生的肥皂会与水中的钙、镁金属离子发生作用,生成的钙、镁皂带有黏性,黏附于羊毛之后会影响洗净毛的质量,甚至影响以后织物染色的均匀度。在合成洗涤剂洗毛中,虽然合成洗涤剂都具有一定的耐硬水的能力,但水中的钙、镁金属离子会增加洗涤剂和助洗剂耗用量,因此,在合成洗涤剂洗毛中也要尽量使用硬度较低的水,有条件时也应对硬水进行软化处理。

三、洗涤的工艺过程及设备

羊毛的洗涤工艺过程包括开毛、洗毛、烘毛等加工过程,图 3-2 为 LB023 型洗毛联合机示意图。

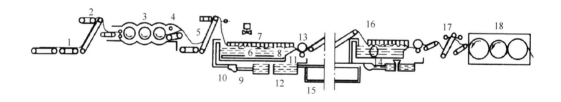

图 3-2　LB023 型洗毛联合机示意图

1,5—B034-100 型喂毛机　2—均毛帘　3—B044-100 型开毛机　4—尘笼　6—B052-100 型洗毛槽(5 个)
7—曲轴式耙架　8—自动翻泥机　9—气动排泥阀　10—循环泵　11—辅助槽　12—溢水管　13—轧辊
14—手动排泥阀　15—回水系统　16—自动温控系统　17—喂毛机　18—R456 型圆网烘干机

由图 3-2 可知,羊毛洗涤工艺过程如下:已分选过的羊毛喂入 B034-100 型喂毛机,此机容量较大,可装 400kg 原毛。为了保证喂毛均匀,下水平帘分成两段:第一段为间歇运动,由人工通过电磁控制定时运转,第二段为连续运动,这样可防止羊毛对斜角钉帘压力过大,保证喂毛均匀。均毛帘 2 将过量的羊毛打回毛斗,剥毛罗拉将角钉帘上的羊毛剥下喂入 B044-100 型开毛机 3 内,羊毛在这里受到三个角钉锡林的打击,尘杂由漏底落下。经过开松的羊毛通过尘笼 4（这里可吸走一部分细小的尘土）及喂毛机 5 进入 B052‑100 型洗毛机的第一槽，一般第一槽不加洗剂，称为浸润槽，在此槽中去除原毛中大部分溶于水的物质如土杂等。羊毛在洗槽中的前进运动是由曲轴式耙架 7 来实现的，经过第一槽洗涤后的羊毛。通过轧辊 13 压去过多的水分后进入第二洗毛槽，这样经过第二、第三（这两个槽有洗涤剂，称为洗涤槽）、第四、第五槽（这两个槽盛清水，称为清洗槽）连续的作用，即成为洗净的羊毛。然后通过喂毛机 17，进入 R456 型圆网烘干机 18 中，在烘干机中用热空气做载体除去过多的水分，使羊毛达到规定的回潮率。

（一）开毛工艺过程及设备

1. 开毛目的　开毛目的是开松毛块，去除夹在羊毛中的泥沙杂质，以利洗毛工作的进行。羊毛中含杂率一般为 30%～50%。

2. 开毛设备　图 3‑3 为国产 B044‑100 型三锡林开毛机示意图，本机由喂毛罗拉、铲刀、三锡林、输毛帘、尘格和输土帘组成。

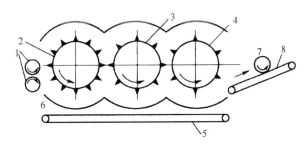

图 3‑3　B044‑100 型三锡林开毛机示意图

1—喂毛罗拉　2—第一开毛锡林　3—第二开毛锡林　4—第三开毛锡林　5—输土帘

6—尘格　7—尘笼　8—输毛帘

由图 3‑3 可知，B044‑100 型三锡林开毛机的工作过程为：由喂毛机送出的羊毛喂给开毛机的喂毛罗拉 1，为防止下罗拉绕毛，其下方装一铲刀，随时将绕在罗拉上的羊毛铲去。羊毛在喂毛罗拉的握持下，接受第一开毛锡林 2 上角钉较为强烈的打击和开松（属于握持状态下的打击作用）。初步开松的毛块一方面随第一开毛锡林回转产生的气流向前，接受第二开毛锡林 3 的开松，另一方面在第一开毛锡林回转离心力的作用下甩向尘格 6，受到撞击而抖落一部分杂质。在两锡林之间，毛块在自由状态下接受打击。同理，毛块继续接受第二开毛锡林和第三开毛锡林 4 的作用，然后甩向尘笼 7，其中细小的杂质通过尘笼表面网孔经尘笼内两侧由风扇吸走，松散的毛块由输毛帘 8 输出，通过喂毛机进入洗毛机。开毛机开松过程中落下的土杂由输土帘 5 输出，或用地坑式吸风排杂装置，使尘杂由管道从地下送往尘室，前者适用于潮湿地区，后者适用于干燥地区。

（二）洗毛工艺及设备

洗毛前需测试原毛的指标，原毛指标主要有羊毛含油脂率、羊毛脂熔点、羊毛脂乳化力（包括油脂氧化程度）、羊毛中沙土含量及氧化钙、氧化镁物质含量等。几种常用原毛所含油脂和土杂情况如表 3‑5 所示。

表 3-5 常用原毛含油脂和土杂情况表

原毛名称	含油脂率（%）	油脂熔点（℃）	乳化力（%）	酸值（mg/g）	碘值 g/100g	皂化值（mg/g）	不皂化物（%）	沙土含量（%）	
								CaO	MgO
新疆细毛	7.5～12.5	41	41.6	13.92	24.42	104.2	30.77	0.34	0.0694
内蒙古改良毛	8～10	43	41.2	16.29	21.84	102.9	30.76	0.079	0.0309
东北改良毛	6.5～13.4	34.5	23	—	24.33	91.9	36.01	0.175	0.104
澳毛	12～15	43.5	35.8	19.24	16.13	106.9	34.01	0.15	0.0704

1. 洗毛目的 洗毛的目的是去除羊毛上的汗脂、皮屑和土杂。羊毛中汗脂和尘杂的成分与性质因羊种产地、饲养条件等不同而异，在制订洗毛工艺时，要考虑具体情况，以达到洗净羊毛的目的。

2. 洗毛工艺 洗涤分为浸渍、清洗、漂洗和轧水等加工过程。洗净毛质量的优劣不仅会影响到加工工艺能否顺利进行（如能否除尽各种妨碍纺织加工的杂质，防止纤维损伤），而且会影响到产品质量和原材料的消耗量（如能否节约洗涤剂和助洗剂及水、电、汽等能源）。洗毛过程中一定要保持羊毛纤维固有的弹性、强度、色泽等优良特性，使洗净毛洁白、松散、手感不腻、不糙。根据原毛的含脂、汗、土杂量与性质制订洗毛工艺。

（1）喂毛量。喂毛量的多少根据所洗的羊毛含杂量及性质而定，一般含杂量少而易于洗涤的及细度粗的羊毛喂毛量可大些，而含杂量多又难于洗涤的及细度细的羊毛喂毛量少些。在其他条件不变的情况下喂毛量少些，可使洗涤更充分些，但是喂毛量又和生产率密切相关，喂毛量过小，机器的生产率也低。耙式洗毛机的喂毛量一般控制在 450～600kg/h 范围内，浴比控制在（6～7）∶1000 的范围内。

（2）洗毛机的槽数与作用。常用的耙式洗毛机有 4～5 槽，在洗毛中一般细羊毛含脂及土杂较粗毛多，容易毡缩，可选用五槽洗毛机（一般，第一槽可用作浸渍槽，第二、三槽为洗涤槽，最后两槽为漂洗槽），作用缓和些，去除土杂则充分些。而含脂及土杂少的粗毛则选用四槽洗毛机（一般，第一槽可用作浸渍槽，第二、三槽为洗涤槽，第四槽为漂洗槽）。

浸渍槽主要是用清水润湿羊毛与杂质、洗除羊汗和大量沙土杂质及部分能与羊汗作用而除去的油脂，在该槽水中不加任何洗涤剂与助洗剂，仅将槽水升至一定温度即可。在加工含土杂多的羊毛时，浸渍槽尤为重要，它除去土杂的作用发挥得越充分，越能减轻洗涤槽的负担，能节约洗涤剂与助洗剂，提高洗净毛的质量。而对含土杂少，含油脂多的羊毛可以不采用浸渍槽，原毛可直接喂入洗涤槽，以提高除杂效果。

洗涤槽是去除油脂及与油脂黏附在一起的细小土杂的承担槽，不仅要求槽液有一定的温度，而且在槽液中要加洗涤剂和助洗剂，在洗毛时一般采用两槽。考虑到生产的实际情况，在第一只洗涤槽中因为羊毛脂成分中的游离脂肪酸能和碱发生作用而除去，生成的肥皂还可参加洗涤。因此该槽可多加些碱，少加些洗涤剂。第二只洗涤槽中则多加洗涤剂而少加碱，因为进入第二槽羊毛脂中剩下的不与碱起皂化作用的物质，要依靠洗涤剂的乳化作用才能去除。经过连续两槽的洗涤后，羊毛脂含量可达到洗净毛质量标准的要求。

漂洗槽是用清水漂洗从洗涤槽中出来的羊毛,将吸附在羊毛纤维上的洗涤剂、助洗剂及黏附在羊毛上的土杂等漂洗干净。为了提高漂洗效果,最后一只漂洗槽(若选用五槽洗毛机时最后两只漂洗槽)可使用活水,而且要保持槽水一定的温度。图 3-4 为四槽洗毛机各槽去脂、去杂的情况。

在洗毛实践中,换槽水后(通常每班换一次水)开始投料洗涤时,洗净毛质量不是处于最佳状态,而往往要连续洗涤 1h 左右后,洗净毛质量才趋于正常的稳定状态。这是因为槽水中洗涤剂和助洗剂还没有扩散均匀,浸渍槽槽液中羊汗也从无到有,羊汗的洗涤作用开始还不明显,直到积累到一定程度后才能发挥出一定的洗涤去脂作用。

而到换水之间 1h 左右时洗净毛质量又有明显下降。这是因为洗涤槽中的油脂与沙土杂质已积累到极

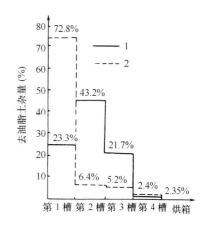

图 3-4　四槽洗毛机各槽去脂、去杂的情况
1—去脂能力　2—去杂能力

限程度,继续去除脂杂的能力明显下降,或虽然能继续去除脂杂,但由于乳化液的稳定性差,脱除到洗液中的脂杂再度沉积到羊毛上的数量增加,或羊毛从洗涤槽中带出的槽液中所含脂杂偏高,漂洗不净,继续使用必将影响到洗净毛的质量,导致含脂杂过高,必须及时更换槽水。

五槽洗毛机各槽脂杂含量限度参考数据如表 3-6 所示。

表 3-6　五槽洗毛机中第二、三、四槽脂杂含量限度参考表

项　目	第二槽	第三槽	第四槽
油脂含量限度(%)	3	1.5	0.5
沙土含量限度(%)	1	0.4	0.2

(3)洗涤剂的种类。在挑选洗涤剂的种类时,应从洗涤能力、洗毛成本、洗净毛质量和对羊毛纤维的损伤多方面综合考虑,择优选用。由于洗涤剂的种类不同,性能不一样,使用条件和洗涤效果均不相同。如羊毛在水和碱性溶液中带有负电荷,而在酸性溶液中则带正电荷。阴离子洗涤剂在水中电离后带有负电荷,因此阴离子洗涤剂只能在中性溶液或碱性溶液中使用。阳离子洗涤剂在水中电离后带有正电荷,阳离子洗涤剂则可在中性溶液或酸性溶液中使用。非离子洗涤剂在水中不电离,在酸性、碱性或中性浴中均可使用,并可和其他离子型洗涤剂混合使用。

从经济角度来看,阴离子洗涤剂最便宜,其次是非离子和阳离子洗涤剂;而从洗涤效果来说非离子洗涤剂则优于阴离子洗涤剂。阳离子洗涤剂对羊毛的吸附作用大,洗涤效果不好,价格又昂贵,在实际洗毛中不采用。

(4)洗涤剂的浓度。应从洗毛质量与经济效益两方面考虑,也就是说要在保证洗毛质量的前提下尽量节约洗涤剂的耗用量。

在应用中,各种洗涤剂只有达到临界胶束浓度范围时,才能充分发挥去污作用,这时洗涤液的表面张力、界面张力低,洗涤剂的乳化作用强且乳化液的稳定性好。但考虑到洗涤过程中羊毛要吸收一定数量的洗涤剂、湿羊毛中的水分要带走洗涤剂及洗液的流失因素,实际洗液中洗

涤剂的初始浓度要稍高于它的临界胶束浓度值。

随着洗涤的进行,洗液中乳化和悬浮物质逐渐积累,洗涤能力则会下降,为了维持洗液一定的洗涤能力,需要在洗毛过程中不断追加洗涤剂(包括助洗剂),追加量的大小仍以维持在临界胶束浓度范围之内为好。

(5)助洗剂的种类及浓度。在我国洗毛实践中常用的助洗剂有纯碱(Na_2CO_3)、元明粉(Na_2SO_4)和食盐(NaCl)等。从洗毛中的助洗效果来看,元明粉比食盐好,但食盐比元明粉便宜。在洗毛工业中通常用纯碱作为助洗剂,洗涤效果也好,但因羊毛纤维对碱比较敏感,使用浓度不当或洗液的温度偏高时则会使纤维损伤和颜色发黄等。

在用洗涤剂 LS(721)进行洗涤时,加入不同的助洗剂,其作用情况如图3-5所示。

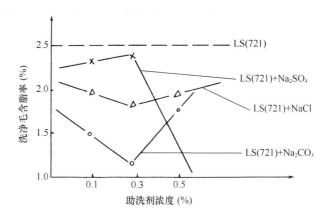

图3-5 几种助洗剂作用的比较

由图3-5可知,当使用助洗剂浓度在0.1%~0.3%范围内时去油能力顺序是:纯碱>食盐>元明粉。当浓度达到0.5%时,元明粉的去油率明显增加,达到了纯碱的水平,而食盐浓度增加后,去油能力基本保持不变。

不同助洗剂参与洗涤的洗净毛的感官评定为:元明粉白度、松散度、手感都较好;食盐白度较差,手感、松散度好;纯碱白度较好,手感、松散度差,毡并严重。表3-7为常用洗涤剂和助洗剂使用浓度范围及使用温度。

表3-7 常用洗涤剂和助洗剂使用浓度范围及使用温度

洗涤剂和助洗剂种类	最佳去油浓度(%)	使用温度(℃)
洗涤剂 LS	0.07~0.08	60
Na_2SO_4	0.03	
肥皂	0.1~0.4	60
Na_2CO_3	0.1~0.3	
洗涤剂 601	0.3~0.5	50~60
Na_2SO_4	0.1~0.3	

(6)洗涤剂和助洗剂的追加。洗槽换水后开始加入的洗涤剂和助洗剂称为初加料。在洗涤

过程中为了弥补损失而继续加入的洗涤剂和助洗剂称为追加料。

追加的方法可分为间歇追加法(等分追加法)和连续追加法。间歇追加法(等分追加法)是按一定的时间(或按一定的喂毛量,或按一定的产量)等量追加洗涤剂和助洗剂。追加时可在初洗槽(第一洗涤槽)中加碱或盐,在续洗槽(第二洗涤槽)中加皂或洗涤剂,也可以在两只洗涤槽中同时追加洗涤剂和助洗剂,视洗涤质量而定,后一种追加方法好些。

连续追加法按洗毛工艺确定的追加料总量,事先溶解在置于辅槽上方的加料箱内,按实际需要加完总量,在洗毛开始一定时间后(通常在投毛洗涤后 1h)打开加料箱的阀门,控制好流量,在规定时间内(通常至换水前 1h)将溶有洗涤剂和助洗剂的溶液加完。

一般用连续追加的方法效果较好,洗净毛的含脂率比较稳定。两种不同追加方法的效果如图 3 - 6 所示。

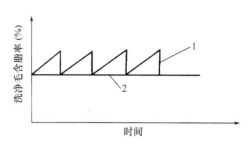

图 3-6　不同追加方法效果的比较
1—间歇追加　2—连续追加

(7)槽水温度的选用。槽水温度是洗毛工艺的重要因素之一,温度高低不仅影响到杂质的去除、洗净毛的质量,而且影响到纤维的损伤和能源的消耗量。

提高槽水温度可以促使羊毛脂的迅速熔融,减少油污杂质与羊毛纤维的黏附力,有利于油污杂质从羊毛纤维上洗除。提高槽水温度可以降低洗液的表面张力及洗液与其他物质的界面张力,促使羊毛与杂质迅速润湿和向其内部渗透,可以加速杂质尽快的吸水溶胀和与羊毛纤维的分离。提高槽水温度可以加速洗涤剂的溶解,增强分子的热运动,有利于洗涤剂与助洗剂在槽水中扩散均匀,促使洗涤剂更好地发挥洗涤作用,提高洗涤效果和净毛质量。提高槽水温度可以加速化学反应的进行,是游离脂肪酸尽快和纯碱起皂化反应而生成肥皂,并进而参与洗涤,加快油脂杂质的去除。适宜的槽水温度有利于羊毛的漂洗,保持洗净毛具有一定的松散程度。

温度和羊毛纤维的化学损伤程度有着密切的关系,尤其是在碱性条件下更为显著。温度越高,洗涤中的羊毛化学损伤也越严重,纤维毡并越厉害,同时能耗大,车间温度也高,劳动保护条件差。

从除杂效果来看,温度稍高些有利,习惯上将羊毛脂的熔点作为确定洗毛槽水温度的参考依据,在碱性洗毛时槽水温度应稍高于羊毛脂的熔点,通常在 50℃ 左右,若采用中性合成洗涤剂洗毛时(使用中性助洗剂),槽水温度可以略高些。在确定槽水温度时,还应视羊毛本身的情况而定,洗粗支羊毛时槽水温度可以高些,洗细支羊毛时槽水温度可以低些。对洗毛槽水温度的选用,通常有两种方法,一是高温洗毛(洗涤槽温度不超过 60℃),二是常温洗毛(洗涤槽温度在 52℃ 左右)。

各槽温度一般是前几槽槽水温度渐升,而后几槽槽水温度渐降。这是因为浸渍槽内不加任何洗涤剂和助洗剂,温度过高时羊毛脂过于熔融而又不能去除,在从槽中取出进入轧水辊时,由于油脂过多而产生打滑现象,轧水辊无法加压,轧水效果不良。同时温度高了以后羊毛鳞片张开,轧水时会将油脂、泥土压入鳞片间隙,反而造成以后洗涤的困难。洗涤槽槽水保持一定的温

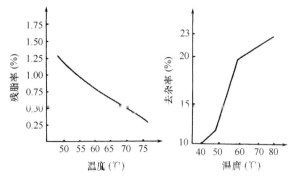

图3-7 槽水温度与洗净毛质量的关系

度则有利于杂质的去除。漂洗槽槽水保持适当的温度(比洗涤槽略低)可将洗涤槽中出来的羊毛漂洗干净,并保持一定的松散程度,若温度过低则会引起羊毛脂的凝固,难以漂洗干净,洗净毛含脂含杂偏高。在洗毛中,适当提高第一槽槽水温度对洗涤含土杂多的国毛极为有利,温度越高,去除脂杂的效果越好,槽水温度与洗净毛质量的关系如图3-7所示。

由图3-7可知,在洗涤国产含杂较多的羊毛时,可以适当提高浸渍槽槽水温度,从增加同样温度对除杂的影响来看,温度在50～60℃之间时去除土杂效率提高最为明显,而从除杂、羊毛纤维损伤及能源消耗诸方面综合评价来看,在试验范围内,50～60℃是比较理想的槽水温度。

(8)洗涤时间。洗涤时间的长短与洗毛槽数、槽水温度及洗涤剂的浓度有关,洗涤时间的长短影响洗毛机的产量和质量。一般五槽洗毛机总的洗毛时间约为12min(从原毛喂入至洗净毛出机进烘房所需时间);四槽洗毛机总的洗毛时间约为8～12min,这样羊毛通过每一只洗槽所需的时间约为2.5～3min。

(9)轧水辊压力。一般说来从第一对轧水辊到最后一对轧水辊的压力是逐渐增加的。这是因为当第一只洗毛槽作浸渍槽使用时,在洗涤含油脂率较高的细支羊毛时,由于槽液温度较高,羊毛脂已熔融,若第一槽后轧水辊压力过大,羊毛会在轧水辊入口处打滑,进不了上、下轧水辊之间,因此往往将轧水辊的压力调至最小值。

3. 洗毛设备 B052-100型洗毛机有五节槽,每节槽主要由洗毛槽、辅助槽、洗毛耙、出毛耙、轧辊、回流水泵和自动控温等部件组成,第一槽和第二槽的槽底还有翻斗式自动排泥机构,如图3-8所示。

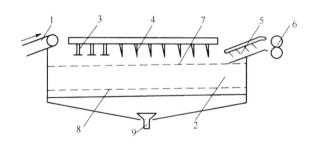

图3-8 B052-100型耙式洗毛机结构示意图

1—喂毛帘 2—洗毛槽 3—浸润器 4—洗毛耙 5—出毛耙 6—轧辊
7—假槽底 8—自动排泥管 9—泄泥管

开松后的原毛由喂毛机送入第一洗毛槽2,该槽为浸渍槽,盛满50℃左右的热水,原毛先经浸润器3压入热水中浸润,然后被洗毛耙4推着缓慢向前边洗边浸,接着被出毛耙5耙出洗毛槽,送入一对轧辊6,轧出毛中所含的大部分水分,最后被送入第二槽再洗。污水经带孔的假槽

底 7 流入槽底,其中泥沙杂质沉淀而落入下面的
自动排泥管 8 中,由泄泥管 9 排出机外。经沉淀
的洗液和由轧辊轧出的洗液经边槽由水泵打入洗
毛槽内回用。其他几槽的结构和工作情况与第一
槽基本相同,三至五槽没有自动排泥机构。

　　图 3-9 为 B052-100 型洗毛机的洗毛槽断
面示意图。

　　洗毛槽采用的是带边槽 3 的斜底式,槽底设
有可翻转的排泥管 5,洗槽和边槽间用固定的网
眼板(称为假底 2)隔开,作用是托住羊毛不让其
下沉,使泥沙杂质通过网眼落入槽底。洗毛槽采
用斜底 4 是便于泥沙杂质向排泥管集中。由于洗
槽深,水容量大,能保证假底上部洗毛槽内的水较

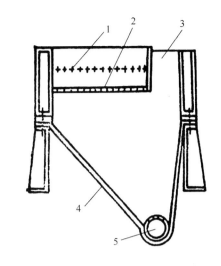

图 3-9　B052-100 型洗毛机的洗毛槽示意图
1—喷水孔　2—假底　3—边槽　4—斜底　5—排泥管

清洁。洗毛槽尾端有一排带小孔的喷水管,清水或循环洗液由此处喷入洗槽。槽前端槽底倾斜
向上,便于羊毛出槽。

　　图 3-10 为 B052-100 型洗毛机的耙架示意图。

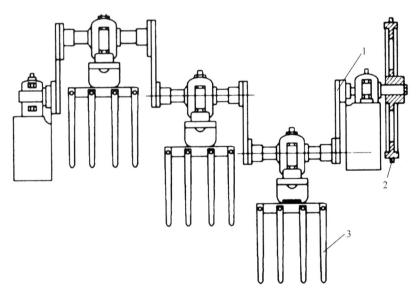

图 3-10　B052-100 型洗毛机耙架示意图
1—曲轴　2—传动链条　3—耙架

　　采用曲轴式,共分三组。分别位于洗槽左、中、右方,每组耙架在曲轴上相差 120°,曲轴回转
时,一组处于上部位置,一组处于中间位置,一组在洗槽中推动羊毛前进,三组耙架相互平衡,运
转平稳。

　　为了保持洗液的清洁,延长换水周期,B052-100 型洗毛机槽底设有能自动翻转的排泥管,
其结构如图 3-11 所示。

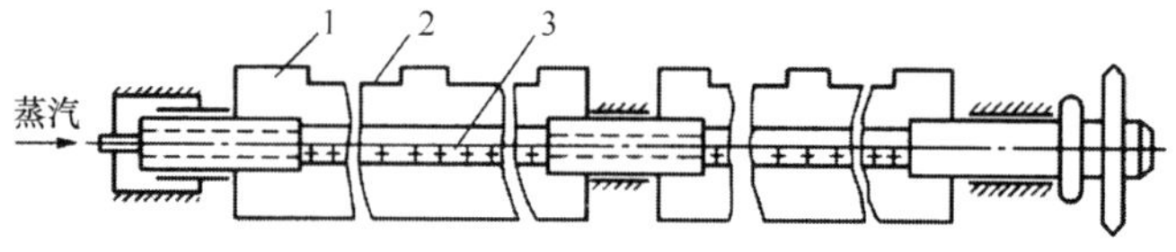

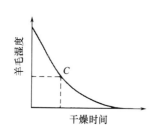

图 3-11 自动翻转空心管示意图

1—空心管 2—空心管缺口 3—蒸汽管

在洗毛槽底部装有两段空心管（中间用轴连接），每段空心管的上半部有两排缺口，中部装有蒸汽管，蒸汽管上有两排小孔，蒸汽通过时空心管得到清洁。在洗毛机正常运转时，空心管的缺口朝上，洗毛液的泥沙进入缺口，沉积在空心管中。当需要排泥时，依靠装在洗毛机一侧的小电动机经过减速，传动空心管转动，使缺口向下，倒出污泥。然后蒸汽管喷出蒸汽，清洁空心管。

（三）烘毛工艺及设备

1. 烘毛目的 从最后一只洗毛槽轧水辊出来的羊毛中含有 40% 左右的水分，这样的湿羊毛不便于储存和运输，也无法进一步进行后加工，必须进行烘干。烘干羊毛的目的是尽量在不影响羊毛品质的前提下，采用最快、最经济的烘干方法，除去过多的水分，使之符合生产加工的要求。从烘干机输出的干羊毛回潮率一般掌握在 13% 左右为好，这样它可以从空气中吸收水分达到标准回潮率，同时使烘后羊毛的干湿程度均匀一致。

2. 烘毛原理 如烘后羊毛含水量过高，在存放过程中容易霉烂；烘得过干，羊毛品质会受到伤害，纤维变脆，颜色发黄，在以后的加工中容易断裂，影响产品质量。烘燥方法有多种，在对洗净毛进行烘干时，通常采用热风干燥的方法，利用干热空气对流传热以达到干燥的目的。湿羊毛在热风式干燥机中的干燥速率的大小取决于羊毛中水分汽化速度和扩散速度，它随干燥介质（空气）的温度、湿度、流速及羊毛的状态和性质的不同而变化，干燥曲线如图 3-12 所示。

由图 3-12 可知，在临界点 C 之前，羊毛的平均速度和干燥时间呈线性关系，自临界点之后才开始作曲线变化。

根据羊毛在某一时间间隔内重量的变化，可以求得该时间内从羊毛中汽化的水分量，根据各个时间间隔内羊毛减轻的重量，进而求得该时间内的羊毛的干燥速率。若以纵坐标表示干燥速率，以横坐标表示羊毛的湿度，则可得羊毛的干燥速率曲线，如图 3-13 所示。

干燥速率曲线将全部干燥过程分为三个阶段：

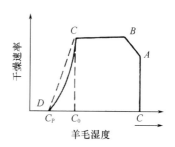

图 3-12 干燥曲线

图 3-13 干燥速率曲线

（1）羊毛预热阶段。干燥速率曲线很快增加到某一最大值，在这阶段内，热量主要用于预热湿羊毛，直至传给羊毛的热量和用于汽化的热量达到平衡时为止，此阶段羊毛中水分极少变化（图 3 - 13 中 AB 段）。

（2）等速干燥阶段。在此阶段之内，羊毛的干燥速率与其湿度无关。因为这时羊毛中的含湿量较高，内部水分的扩散速度大于羊毛表面水分的汽化速度，使羊毛表面总是保持一定的水分量，水蒸气压力恒定，羊毛表面水蒸气分压力与空气中水蒸气分压力差基本保持不变，因而干燥速率也不变化（图 3 - 13 中 BC 段）。

（3）降速干燥阶段。干燥速率近似地与羊毛湿度成正比，这时羊毛内部水分向外扩散的速度小于表面的汽化速度，以致羊毛表面没有足够的水分可供汽化，使羊毛表面水蒸气分压力下降。随着羊毛湿度的继续减小，干燥速率也逐渐降低，直至羊毛的含湿量达到平衡水分时，羊毛表面的水蒸气分压力等于空气中水蒸气分压力时，干燥过程即告结束。干燥速率曲线转折点 C_0 的羊毛湿度称为临界湿度。曲线与横坐标交点 D 的湿度 C_P 即为羊毛的平衡水分。

影响羊毛干燥速率的主要因素有：

（1）羊毛的状态。羊毛本身的松散程度直接影响到水分在其间的扩散程度，从而影响了干燥速率。为了提高烘干速率，在洗毛之前应尽量增加羊毛的松散程度，在洗涤过程中要防止羊毛产生毡并，在烘毛帘子上做到毛层铺放均匀，以确保干燥介质能与羊毛充分而均匀接触和穿透毛层，提高烘干效率。

（2）干燥介质的状态。热空气本身的温度、湿度、流速及与羊毛的接触情况都会影响干燥速率的大小。干燥介质的温度越高，相对湿度越低，羊毛的干燥速度越快。但温度不宜过高，否则会损伤羊毛纤维，由于含水分的湿羊毛在较高的温度下比干羊毛更容易被损伤，因此湿度大的羊毛可先采用较低温度烘干（70～80℃），随着羊毛逐渐干燥后则采用较高的温度（90～100℃），温度过高也会损伤羊毛纤维。干燥介质的相对湿度低时，可以提高羊毛的干燥速率，缩短干燥时间。干燥介质相对湿度的高低与从烘房中排出的废气量及进入烘房新鲜空气量有关，排出的废气量越多，能耗也越大，为此对空气的相对湿度应控制得适当。干燥介质的流速越大，在等速干燥阶段内，越能吹散羊毛表面的湿空气层，使热空气和湿羊毛之间的热交换得以顺利进行。在降速干燥阶段干燥介质的流速与干燥速率无关。若干燥介质与被干燥的湿羊毛之间存在相对运动，尤其是当干燥介质能充分而均匀地穿过毛层时，则干燥速率就加快。一般采用让气流垂直地穿过毛层，以提高烘干的效率。

3. 烘毛设备　R456 型圆网烘干机采用吸入式圆网滚筒，借热空气烘干羊毛或其他纤维，其结构如图 3 - 14 所示。

R456 型圆网烘干机的烘房横向分主室和侧室两个部分，用隔板隔开。主室中有圆网滚筒 1，圆网半内壁有密封板 2 和导流板 5；侧室内装有离心风机 3 和加热器 4。风机给每只圆网滚筒配备一台，共有三只圆网滚筒，其直径为 1400mm，表面密布孔径为 3mm 的小孔 44 万个，在风机 3 的压力作用下，将圆网滚筒内的潮湿空气抽出，而圆网滚筒外较干燥的热空气克服羊毛的阻力，通过圆网滚筒上的小孔进入圆网内。被抽出的空气经加热器加热后，借导流板再次吹

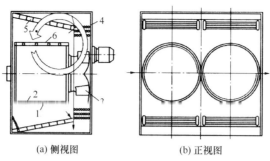

(a) 侧视图　　　　　　　　(b) 正视图

图 3-14　R456 型圆网烘干机

1—圆网滚筒　2—密封板　3—离心风机　4—加热器　5—导流板　6—羊毛层

向羊毛层 6,进入圆网滚筒内。这样反复循环使羊毛中的水分就被汽化。一小部分热空气由于排气风机的作用,向前一只圆网滚筒前进,湿度逐渐加大,最后排出机外。圆网滚筒表面有一半是非工作面,靠内壁的密封板,使热空气不能进入圆网滚筒内。相邻两只圆网滚筒的密封板上下交错配置,当羊毛随同圆网滚筒回转到密封板的部位时,将因失去吸引力而脱落,立即被反方向回转的圆网滚筒吸附,从而完成毛层换向的烘干过程。导流板的作用是引导热风吹向圆网滚筒表面,并使热风沿毛层宽度方向均匀分布。

四、洗净毛的质量

(一)洗净毛的质量指标

洗净毛的质量指标有含土杂率、含毡并率、沥青点、洁白松散度、含油率、回潮率、含残碱率及含草杂率,洗净毛应符合表 3-8 所规定的质量指标要求。

表 3-8　洗净毛的质量指标

羊毛品种		国产细羊毛及改良毛				国产土种毛		外毛	
		支数毛		级数毛		二、三级	四、五级	16.7tex 以下 (60 公支以上)	17.2tex 以上 (58 公支以下)
等　级		1	2	1	2	—	—	—	—
含土杂率(%)		≤3	≤4	≤3	≤4	≤4	≤6	≤0.6	≤0.6
含毡并率(%)		≤2	≤3	≤3	≤5	≤3	≤4	≤1	≤1
沥青点		不允许		不允许		—		—	
洁白松散度		比照标样							
含油率 (%)	标　准	1		1		1	1	0.8	0.8
	允许 范围 精纺	0.4~1.0		0.4~1.0		0.4~1.5	0.4~1.5	0.4~1.2	0.4~1.2
	粗纺	0.5~1.5		0.5~1.5					
回潮率 (%)	标准	15		15		15	15	16	16
	允许 范围	10~18		10~18		8~15	8~15	9~16	9~16
含残碱率(%)		≤0.6		≤0.6		≤0.6	≤0.6	≤0.6	≤0.6
含草杂率(%)		—		—		≤1.5	≤2	≤0.7	≤0.5

(二)影响洗净毛质量的因素

1. 洗净毛中含杂过多 由于原毛中含杂过多,开松不良,喂毛量偏大,洗涤剂浓度偏低,液温过低,槽液太脏等,也可能是由于其中某几种因素共同造成的。

2. 洗净毛中含脂过高 由于洗涤剂和助洗剂初加浓度不足,或追加量不足,再或追加不及时及轧水辊轧水效率低,槽液温度过低,辅槽滤板上积毛时间过长等因素造成的。

3. 洗净毛手感粗糙 由于在碱性洗毛使用碱量偏多,槽液温度偏高、或烘房温度太高等因素造成的。

4. 洗净毛毡并 由于槽液温度过高,洗毛耙齿不良或安装位置偏低,造成羊毛与槽底摩擦,或在喂毛箱及烘毛过程中翻滚过度,羊毛洗涤时间过长,轧水辊压力过大或保速装置失灵等因素造成的。

5. 形成污块毛 由于洗毛耙齿安装位置过高,使槽底羊毛积聚过多,长时间在洗槽底部出不去,造成羊毛再沾污,并与槽底摩擦产生毡缩等因素造成的。

6. 洗净毛回潮率过高 由于毛层不松散,轧水辊压力不够,烘前羊毛含水过高,烘毛帘上毛层过厚,烘毛机内空气含湿量过高,风力不足及烘房内温度偏低等因素造成的。

第四节 毛纤维的炭化

一、炭化的目的及方法

在羊毛中常常黏附着各种杂质,其数量和品种随产地与饲养方法的不同而不同。由于草杂种类的不同,它与羊毛联系状态也有区别,有的易于分离,经开毛、洗毛等加工之后,基本上可以去除,有的与羊毛紧密纠结在一起,不但开毛不能将它去除,就是梳毛时也不能除尽。经过洗毛以后,大部分天然杂质已可去除,但羊毛纤维缠结着植物性杂质如枝叶、草籽等碎片。

若羊毛中的草杂去除不干净,会对后道加工带来困难,为此,必须在羊毛初步加工过程中设法将草杂去除。去草的方法有机械去草和化学去草两种方法,在粗梳毛纺中一般采用化学的去草方法,又称炭化,这种方法去除草杂比较彻底,但容易造成羊毛纤维的损伤,进而影响后续加工的进行和产品质量。

按炭化的对象不同进行分类,分为散毛炭化、毛条炭化、匹炭化、碎呢炭化。散毛炭化在粗梳毛纺中采用,毛条炭化在精梳毛纺中采用,常在毛条制造工程中进行,匹炭化用于织物炭化,但有一定的局限性,不适用于羊毛与纤维素的混纺和交织产品,不适用于浅色产品。碎呢炭化主要是在再生毛制造过程中去除羊毛和纤维素纤维混纺产品中的非羊毛纤维。

可用作炭化剂的化学药剂的品种很多,如硫酸(H_2SO_4)、盐酸(HCl)、三氯化铝($AlCl_3$)、氯化镁($MgCl_2$)、硫酸氢钠($NaHSO_4$)等,但经常使用的是硫酸。按炭化剂使用的状态进行分类可分为湿炭化和干炭化。湿炭化是在硫酸的水溶液中进行的,湿炭化时也可以在硫酸溶液中加入一些炭化助剂，它是一种表面活性剂，可以促使草杂的破坏及保护羊毛纤维少受损伤。干炭化是盐酸加热产生氯化氢气体对羊毛、布匹及碎呢片进行炭化处理。

二、炭化的原理

炭化剂化学加工，最理想的炭化用剂应当是只对草杂发生作用，而又无损于羊毛纤维，但是炭化至今还未发现有这样的化学药品。

现行炭化加工是利用硫酸处理含有植物性草杂的羊毛，使酸与草杂发生作用而最后将其除去，但这也将给羊毛纤维带来了一定程度的损伤，所以加工过程中要严格控制炭化工艺条件，以尽量减少羊毛纤维的损伤程度。

(一)酸对植物性杂质的作用

1. 植物性杂质的主要成分 植物性杂质的主要成分是纤维素及其伴生物。

2. 酸对纤维素的主要作用 酸对纤维素大分子中苷键的水解起催化作用，使聚合度降低。虽然是稀酸，但经高温焙烘时水蒸发后，酸液浓缩，可以使草杂脱水成炭。例如纤维素炭化反应过程为：

$$(C_6H_{10}O_5)_n \xrightarrow[-5nH_2O]{H_2SO_4} n \cdot 6C$$

实际上，经炭化加工之后并非全部草杂均变为炭质，其中相当一部分草杂只是失水后变脆，可在机械力的作用下被粉碎而除去。在上述两种作用中，酸和草杂的成分并无结合能力，它只是附着于草杂的表面。因此无论是水解成葡萄糖或是脱水成炭的反应都是不可逆的。

3. 苍籽的处理 苍籽有较硬的外壳，酸液很难渗进其内部，因此很难靠炭化将其除去，在炭化过程中只是它的表面细小的钩刺经炭化处理呈脆性或被炭化去除，减轻了与羊毛纤维纠结缠绕程度，在以后的加工中易与羊毛分离或便于人工摘除。如将这些未炭化的大草杂压碎，反而会形成散布性的草屑，对后加工和产品质量反而不利。

(二)酸对羊毛纤维的作用

1. 酸对羊毛纤维的作用的复杂性 羊毛蛋白质的结构要比纤维素复杂得多，因此酸对羊毛纤维的作用也比对纤维素复杂。在羊毛大分子侧链上存在酸性基与碱性基，多缩氨基酸中也有氨基和羧基，所以它既能和酸发生作用，又能和碱发生作用，羊毛是两性化合物。

2. 饱和吸酸量 羊毛蛋白质中的酸式电离度比碱式的大，当向溶液中加入 H^+ 时，可抑制酸性基团的电离，在等电点区域内 H^+ 和 OH^- 离子都能被羊毛吸收，但不会损伤纤维。

当 pH<4 时，羊毛纤维开始从溶液中吸收 H^+ 离子，并和氨基结合，此时即使在低温条件下，也会破坏羊毛纤维，盐式键断裂增加，pH 值继续降低，破坏作用越加显著。

当 pH-1 时，羊毛结合酸达到饱和，此时羊毛纤维中所含的酸量称为饱和吸酸量。酸与羊毛蛋白质中的氨基作用，从而破坏盐式键的结合，这一反应是可逆的，当羊毛纤维经水洗或中和以后，这一部分酸可以除掉，且不损伤羊毛纤维，所以饱和吸酸值是羊毛炭化加工中决定工艺条件的主要参考数据。

3. 不同 pH 值对羊毛损伤的程度 当稀酸与羊毛作用时，二硫键比较稳定，盐式键比较敏感。酸能拆散羊毛蛋白质大分子间的盐式键,并与游离的氨基结合,从而减少各个多缩氨酸键的相反电荷中心相互的静电引力,降低纤维对伸长的抵抗而易于变形。图 3-15 为在不同 pH 值的条件下,将羊毛纤维拉伸 30%所需的功(以在纯水中伸长所需用的功为 100%)。

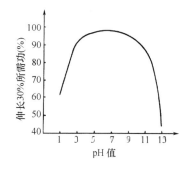

图 3-15　在不同 pH 值下羊毛拉伸 30% 所需的功

由图 3-15 可知,当 pH 值在 4.8~8 时,羊毛拉伸 30%所需用的功是比较大的,这时羊毛受损伤较小。当 pH≤4.8,即达到等电点时,pH 值越低,结合酸的量越多,纤维损伤也越大,因而拉伸 30%所需的功越低。炭化用酸浓度虽不高,若浸酸不均匀,在烘焙过程中,羊毛表面局部的酸液浓缩,同样会损伤纤维。

4. 羊毛纤维酸处理后的变化　羊毛纤维经酸加工后,其化学性质中显著的变化是和碱结合能力增加,纤维缩绒性降低等。而羊毛物理性能的变化则反映在纤维的强力上,一般说来,酸浓度过大,或其他工艺条件不当,都会导致强力的下降。

5. 影响羊毛吸酸速率因素　影响羊毛吸酸速率和吸酸量及损伤程度的因素有酸的浓度、温度、浸酸时间、烘干和焙烘条件、机械作用及中和条件等。利用表面活性剂可以保护羊毛纤维免受和少受损伤,另外,利用羊毛脂的保护作用也可以减少炭化作用对羊毛的损伤。

(三)炭化助剂

在羊毛炭化中加入炭化助剂即可以保护纤维减少损伤,提高炭化效果。炭化助剂可以促进羊毛快速、均匀地被润湿,特别是使植物性杂质更好地润湿和渗透。此外,表面活性剂可以降低溶液的表面张力,提高轧水辊轧除酸水的效率,降低羊毛含酸水率。

由于炭化时采用的是酸类,所以炭化助剂必须对酸有高度的稳定性,尤其是在高温烘焙阶段不被酸类所分解。带有磺酸基的阴离子型表面活性剂,大多数非离子型和阳离子型表面活性剂都可作炭化用剂。

三、散毛炭化的工艺过程及设备

散毛炭化常用的设备为 LBC061 型散毛炭化联合机,图 3-16 为其示意图。

散毛炭化是硫酸作为炭化剂让含草散毛在硫酸液中通过,再经烘干焙烘、炭化、除炭、中和、烘干等工序得到炭化散毛。

(一)浸酸

这是炭化的第一道工序,也是关键的工序,它是影响草杂炭化效果和羊毛纤维损伤的潜在因素。要求草杂尽量吸足酸、羊毛纤维尽量少吸酸。经酸处理后羊毛纤维所含的酸包括表面附着酸和内部官能团结合酸两部分,而草杂一般不与酸产生化学结合,因此其含酸量主要为表面附着酸。

羊毛和草杂的这种含酸形式与其吸酸率大小有关,只要当物体的表面被润湿后,附着酸也就达到一定的数值,即使浸酸的时间再增加,附着酸量也不会有多大的改变,而化学结合酸则有

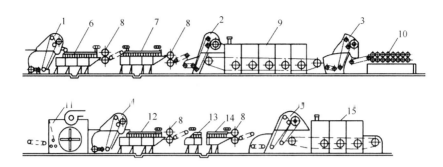

图3-16　LBC061型散毛炭化联合机示意图

1,2,3,4,5—分别为第一、二、三、四、五喂毛机　6,7—第一、二浸酸槽　8—轧辊　9—烘干焙烘机

10—压炭机　11—打炭机　12,13,14—第一、二、三中和槽　15—烘干机

一个作用过程,羊毛表面附着酸停留时间长了以后可以部分地转化为结合酸,这对减少羊毛含有的附着酸量和防止纤维损伤有一定的意义。影响羊毛和草杂吸酸程度的因素有:

1. 草杂类型　表3-9为不同草杂的吸酸速率与吸酸量。

表3-9　不同草杂的吸酸速率与吸酸量

草杂类型	吸酸量(%)		
	浸酸时间3min	浸酸时间5min	浸酸时间10min
松草团	4.02%	—	4.02%
螺丝草	2.52%	2.94%	3.19%
硬果壳	0.78%	0.83%	0.83%
麦壳草	2.11%	—	2.21%
64支羊毛	5.64%	5.66%	6.05%

2. 酸液温度　酸液温度增加,羊毛的吸酸量增加,如图3-17及表3-10所示,草杂的基本不变,如表3-10所示,所以浸酸温度以室温为宜,无需加温。

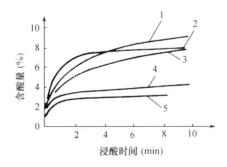

图3-17　酸液的温度、浓度、浸酸时间对羊毛和草杂吸酸率的影响

1—羊毛在10℃、浓度7.5%的酸液中　2—羊毛在32℃、浓度5.5%的酸液中　3—羊毛在10℃、浓度5.5%的酸液中

4—草杂在10℃、浓度7.5%的酸液中　5—草杂在10℃、浓度5.5%的酸液

表 3-10 酸液温度和浓度对羊毛、草杂吸酸的影响(浸酸时间为 3min)

温度(℃)	硫酸溶液浓度(%)	羊毛吸酸量(%)	软草籽吸酸量(%)
10	5.5	5.7	2.8
32	5.5	7.7	2.8
10	7.5	6.6	3.5

3. 酸液浓度 随着酸液的浓度增加,羊毛、草杂的吸酸量也都增加,如图 3-17 及表 3-10 所示。

4. 浸酸时间 浸酸时间增加,羊毛的吸酸量逐渐增加,草杂的变化不大,很快达到饱和的程度,如图 3-17 所示,草杂一般 3min 左右吸足酸量,所以,浸酸时间一般取 3~4min。

5. 炭化助剂 在酸液中加入炭化助剂以后,可以加快羊毛纤维和软草籽的吸酸速度。草杂吸酸速度快和吸酸量的增加无疑对其炭化是极为有利的,而羊毛吸酸加快及含酸量增多对纤维损伤则应极力避免,但由于表面活性剂的存在,酸水的表面张力减小,轧酸时除去的酸水也增大,所以不会造成羊毛纤维的过大损伤。

表 3-11 为在 5.5% 的硫酸溶液中加入 0.1% 炭化助剂后,随浸酸时间增加羊毛和软草籽的吸酸量变化。

表 3-11 加入炭化助剂后浸酸时间对吸酸量的影响

浸酸时间(s)	25	50	75	100	200~600
羊毛吸酸量(%)	5.2	5.7	6.0	6.5	7.0
软草籽吸酸量(%)	2.0	2.6	3.0	3.2	3.3~4.0

表面活性剂对毛纱力学性能的影响如表 3-12 所示,加入表面活性剂,断裂强力和断裂伸长损失都变小。

表 3-12 表面活性剂对毛纱力学性能的影响

表面活性剂		硫酸含量(%)		断裂伸长损失(%)	断裂强力损失(%)
类别	浓度(%)	对液重	对干毛重		
不加表面活性剂	—	15	9.8	36	20
阴离子表面活性剂	0.01	21.8	11.8	10	5
阳离子表面活性剂	0.01	21.8	11.9	11	4
非离子表面活性剂	0.005	21.8	12	2	2

在炭化设备中往往采用两只浸渍槽,第一只浸酸槽只加水(或加炭化助剂),首先润湿羊毛;第二只浸酸槽是真正的浸酸槽,其中加入一定浓度的硫酸。

(二)脱酸

从浸酸槽中出来的羊毛含酸率太高,若直接烘干不仅会增加烘干机的工作负担,使羊毛烘不干,草杂不脆化,而且会严重损伤羊毛纤维,因而在进入烘干机之前,要尽量去除羊毛中过多的酸水量。

为了减少烘干前羊毛所含的酸水率,提高轧水效率,LB061 型炭化联合机在浸酸槽之后设置了两对轧水辊。为使轧水作用柔和,采用了气动加压,有三档压力可调节。压力过大易引起羊毛的毡并。为了防止其间的羊毛受搓揉,轧水辊设置了保速装置。

羊毛经过轧水之后,含酸水率控制在 36% 以下,含酸率控制在 6% 以下,这时的结合酸量在 4% 以下,不会对羊毛纤维带来严重的损伤。在轧酸时不仅要控制总含酸水率不能太大,而且要轧酸均匀,防止局部含酸水量高,烘燥过程中会浓缩,造成纤维的局部损伤。

如表 3 - 13 所示,表中羊毛在 6% 硫酸溶液中浸酸,脱酸后在空气中干燥,再经 150℃ 烘焙。

表 3 - 13 羊毛含酸水率与纤维损伤的关系

脱酸后羊毛含酸水率(%)	5	10	20	30	40	50
纤维强度损失率(%)	8	12	18	26	33	44

(三)烘干与焙烘

羊毛经脱酸后应立即进行炭化烘干,因为带酸的湿羊毛更易受到损伤。同时含酸的湿羊毛又不能进行高温焙烘,由于水分的汽化是在表面上进行的,内部水分要向外渗出,借助于纤维间的毛细管作用,酸液也由内部通过此向外渗出,在羊毛表面积累,局部浓度过高,经高温烘烤,纤维被溶解,颜色发紫,强力损伤。烘干温度和羊毛强力的关系如图 3 - 18 所示。

当羊毛含酸率为 5% 以下或更低时,烘干温度对羊毛强力损伤影响不大;而含酸率在 10% 以上时,即使低温烘干,纤维的强力也会发生较大的损伤。

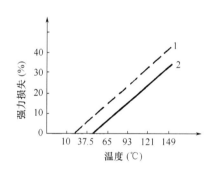

图 3 - 18 烘干温度和羊毛强力损伤的关系

1—64 支羊毛含酸率为 6.4% 2—56 支羊毛含酸率为 6.8%

烘干分成两个阶段进行,第一阶段为低温烘干,在 70℃ 以下,将羊毛烘至适当的干燥程度,一般粗支毛在 65℃ 左右,细支毛在 60℃ 左右。第二阶段为高温焙烘阶段,温度为 90~110℃,使草杂失水变脆,甚至变成炭质,一般粗支毛在 105~110℃,细支毛在 100~105℃。焙烘后羊毛含水率控制在 3% 以下。

表 3 - 14 为焙烘温度与羊毛损耗之间的关系。

表 3 - 14 焙烘温度与羊毛损耗之间的关系

焙烘温度(℃)	71	83	93	115	138
羊毛损耗(%)	0.45	0.85	1.75	3.60	4.95

(四)压炭与除炭

经高温焙烘后羊毛中草杂已变焦脆,应立即压碎和除去,否则停留时间长了以后,草杂吸湿之后要恢复韧性,不易压碎,从而达不到除去草杂的目的。

1. 压炭　LB061型联合炭化机的压炭机是由12对沟槽罗拉组成的,压辊自重135kg,外加弹簧加压,为了提高压炭效果,压辊工艺采取以下措施:

(1)压辊的速度逐渐增加,以使其间的毛层逐渐减薄,充分压碎草杂,各对压辊对第一对压辊之速比如表3-15所示。

表3-15　压草辊的速比

压辊次序	1	2	3	4	5	6	7	8	9	10	11	12
速比	1	1.016	1.093	1.142	1.192	1.247	1.328	1.39	1.454	1.517	1.536	1.66

(2)压辊加压逐渐增加,其压力大小通过调节加压杆的高度来实现,螺杆高度越小,所加压力越大。加压螺杆的具体高度如表3-16所示。

表3-16　压辊加压螺杆高度

原料	螺杆高度(mm)		
	第1~4对压辊	第5~8对压辊	第9~12对压辊
精短毛	24	23	22
一般改良毛与澳毛	26	25	24

(3)上下压辊表面线速度不一致,上压辊表面线速度慢,下压辊表面线速度快(速度比约为15∶19),以便将通过其间的草杂搓碎。

(4)各对压辊之间的隔距逐渐减小,以适应毛层逐渐减薄的趋向,确保压炭效果。隔距的大小要掌握恰当,太小了羊毛损伤严重,正常隔距如表3-17所示。

表3-17　上下压辊间的隔距

原料	上下压辊间的隔距(mm)		
	第1~4对压辊	第5~8对压辊	第9~12对压辊
短毛	3.048~3.556	2.286~2.54	1.27~2.286
长毛	3.556~4.064	3.048	1.778~2.54

2. 除炭　除杂是在螺旋除杂机上进行的,除杂机是由打手及其外的网状尘格组成(国外有的采用四滚筒或六滚筒除杂机),在使用过程中应防止网眼堵塞,影响除杂效果。气流与除杂的关系极大,为了有效的排除杂质,排尘风机的风量宜保持在3.5~4.5m³/min之间。

(五)中和

1. 目的　经除杂之后的羊毛含有一定量的硫酸,若不设法及时除去,以后在氧气和日光的催化作用下,羊毛纤维会逐渐分解,强力下降,毛色发黄。含酸羊毛不利于加工,还会腐蚀加工机件。同时除去羊毛中的硫酸液以后,还可使羊毛的强力得以部分恢复。

2. 工序　中和工序由洗酸、中和、洗碱三部分组成。

(1)洗酸(中和第一槽)。中和反应是放热反应,放热量过大会导致羊毛纤维的损伤,因此在中和之前,首先得用清水进行漂洗,约可除去羊毛1/2左右的含酸量,这样既可防止中和产生过多的热量,又可以节约纯碱的耗用量,降低生产成本。

(2)中和(中和第二槽)。通常使用的中和剂是纯碱 Na_2CO_3,其用量取决于羊毛的含酸量。一般碱浓度为 0.1%(此时 pH 值为 11 左右),为了维持工作液一定的中和能力,还需向中和槽中按时适量追加纯碱。纯碱与硫酸的作用分两步进行:

$$2Na_2CO_3 + H_2SO_4 \longrightarrow 2NaHCO_3 + Na_2SO_4$$

$$2NaHCO_3 + H_2SO_4 \longrightarrow Na_2SO_4 + 2H_2CO_3$$

含酸羊毛进入中和槽遇到纯碱时,第一个反应很快的发生,而反应中的生成物——碳酸氢钠逐渐积累(溶液的 pH 值降至 8 左右),第二个反应则逐渐增加,碳酸的生成量也逐渐增多。这时继续追加纯碱,将发生下列反应:

$$Na_2CO_3 + H_2SO_3 \longrightarrow 2NaHCO_3$$

由于硫酸和纯碱在中和槽中继续作用,工作液中碳酸氢钠逐渐积累,碳酸钠和碳酸氢钠混合液组成缓冲液,维持工作液的一定 pH 值不变,这时即使在其中加入一些碱或加入一些酸,其混合液的 pH 值均不会发生大的变化。混合液的浓度越高,这时缓冲的持续性能力越强,因此不必过多地追加纯碱。中和槽中的工作液继续使用,仍有中和硫酸的能力,只要在生产过程中定时检查槽液的酸碱度,适量追加纯碱即可。中和时纯碱的耗用量约为羊毛重量的 3.5% 左右。

对于一些细支羊毛因吸酸量较多,若在中和槽内浸渍时间较短,中和作用不充分,仍可在第三槽中加氨水进行中和。氨水的扩散力极强,它能进入毛块的内部,减少羊毛中的结合酸量。氨水用量约为羊毛重量的 1%。

(3)洗碱。用清水漂洗,以除去其上剩余的碱液和盐类。羊毛中含碱会造成纤维的损伤;沾盐会影响手感。此时,pH 值最好维持在 6～7。处理后,含酸量在 1% 以下。微量酸的存在不会对纤维带来较大的影响,因此,不必花费过多的力量将它完全除净。

(六)烘干

中和以后的湿羊毛还要及时进行烘干。炭化烘干机的产量比洗毛机要低,所以炭化烘干的时间要短(约 4min),温度较低,蒸汽压力为 11.77～14.7Pa 就可以达到干燥的目的。

四、炭化羊毛的质量

(一)炭化羊毛的质量指标

炭化羊毛要求手感蓬松、有弹性,强力损失小,毛质清洁有光泽,颜色洁白而不泛黄,炭化羊毛的质量指标有含草杂率、含酸率、毡并率和回潮率,炭化羊毛应符合表 3-18 所规定的质量指标要求。

表 3-18 炭化羊毛的质量指标

炭化毛类型	含草杂率 (%)	含酸率(%)		回潮率(%)		结块毡并率(%)	含油脂率(%)
		等级	标准	标准	范围		
60 支以上细支外毛	0.05	1	0.3～0.6	16	8～16	3	—
58 支以下粗支外毛	0.04	1	0.3～0.6	16	9～16	3	—
1～2 级国毛(包括支数毛)	0.07	1	0.3～0.6	15	8～15	3	—

续表

炭化毛类型	含草杂率（%）	含酸率（%）		回潮率（%）		结块毡并率（%）	含油脂率（%）
		等级	标准	标准	范围		
3～5级国毛	0.05	1	0.3～0.6	15	8～15	3	—
60支以上精梳短毛	0.15	1	0.3～0.6	16	9～16	—	0.4～1.2
58支以下精梳短毛	0.10	1	0.3～0.6	16	9～16	—	0.4～1.2
1～2级国毛短毛（包括支数毛）	0.20	1	0.3～0.6	15	8～15	—	0.4～1.2
3～4级国毛短毛	0.10	1	0.3～0.6	15	8～15	—	0.4～1.2

（二）影响炭化羊毛质量的因素

1. 草屑过多　由于焙烘后草杂炭化不良，炭化前开松不良、硫酸浓度偏低、羊毛在酸液中浸渍不透、烘焙不足，压炭除炭不良、皮辊压力不足、除尘不良等因素造成的。

2. 含酸过多　由于洗酸不良、碱浓度不足、中和氨水浓度不足、羊毛在中和槽内浸渍不足等因素造成的。

3. 羊毛毡并、结条过多　由于炭化前开松不良、轧酸后羊毛在烘房喂毛机内翻滚过度、除尘机尘笼中羊毛过多、除尘机尘笼角钉插入过深、造成挂毛等因素造成的。

4. 烘后羊毛回潮率不当　由于烘干温度不当、轧辊效果不良等因素造成的。

习　题

1. 解释下列概念。

土种毛、改良毛、同质毛、异质毛、原毛、羊毛初步加工、选毛、开毛、洗毛、烘毛、炭化、酸值、碘值、皂化值、不皂化物、助洗剂、初加料、追加料、间歇追加法、连续追加法、饱和吸酸量

2. 简述羊毛的分类。

3. 羊毛初步加工有哪些工艺过程？

4. 简述羊毛脂的成分及其性质。

5. 简述羊汗的成分及其性质。

6. 简述毛纤维洗涤的目的及要求。

7. 洗毛的方法有哪两大类，比较其优缺点。

8. 洗毛的工程用剂有哪些？

9. 以 Na_2CO_3 为例说明助洗剂的作用。

10. 简述助洗剂元明粉 Na_2SO_4 在洗毛过程中有哪些主要作用？

11. 简述助洗剂三聚磷酸钠在洗毛过程中有哪些主要作用？

12. 简述洗涤作用的复杂性。

13. 说明机械力在洗毛中的作用。

14. 比较间歇追加法和连续追加法。

15. 说明温度在洗毛过程中的作用。

16. 简述洗涤作用原理。

17. 试述四槽洗毛机中各槽的作用及所加试剂,并说明原因。

18. 评价原毛所含油脂和土杂情况的指标有哪些?

19. 洗毛工艺参数包括哪些? 各工艺参数如何选择?

20. 简述烘毛的目的。

21. 干燥速率曲线将全部干燥过程分为哪几个阶段?

22. 洗净毛的质量指标主要有哪些?

23. 影响洗净毛质量的因素主要有哪些?

24. 简述毛纤维炭化的目的及方法。

25. 说明酸对植物性杂质的作用。

26. 散毛炭化工艺过程包括哪些工序? 简述各工序的目的。

27. 炭化羊毛的质量指标主要有哪些?

28. 影响洗净毛质量的因素主要有哪些?

第四章　麻纤维初加工化学

本章知识点

1. 麻的种类及生长,麻茎构造、纤维的特点及初步加工特点。

2. 纤维素伴生物的结构和性质,纤维素及伴生物在化学药剂中的稳定性。

3. 麻纤维脱胶的原则及工艺流程。

4. 碱液煮练、浸酸、酸洗、漂白的目的及工艺参数。

5. 给油、打纤、干燥的目的及工艺。

6. 生物脱胶的基本原理、特点及影响生物脱胶的因素。

麻类资源丰富,种类繁多。麻类植物可以分为韧皮纤维植物和叶纤维植物两类。韧皮纤维植物多属双子叶植物,主要利用植物茎部的韧皮层取得纤维。韧皮纤维大多数比较柔软,属于软质纤维。韧皮纤维麻类主要有苎麻、亚麻、黄麻、大麻、红麻、青麻、罗布麻等。叶纤维植物多属单子叶植物,主要利用叶片或叶鞘取得纤维。叶纤维麻类适合于热带栽培,因此也称为热带麻。叶纤维大多数脆硬,属于硬质纤维。叶纤维麻类主要有剑麻、焦麻、菠萝麻等。

主要麻类植物的分类如下:

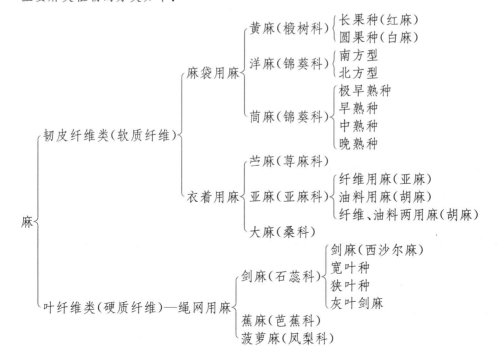

第一节 麻纤维的生长及初步加工

我国纺织业使用的麻纤维原料大多为切皮纤维,由于麻纤维的麻茎结构不同,纤维的结构和力学性能不同,因而应用的范围和用途也各不相同,形成了各自的初步加工特点。

一、苎麻的生长及初步加工

(一)苎麻的种类及生长

苎麻属荨麻科,是多年生宿根性草本植物,该属有 50 多种,我国有 10 多种,苎麻分白叶种和绿叶种两种。白叶种主要产于我国,白叶种苎麻叶形较小,叶阔椭圆形,叶背密生银白色茸毛,分枝少,产量较高,品质好,适应性较强。绿叶种耐寒性弱,仅分布在南洋群岛少数地区,绿叶种苎麻茎高大,叶阔椭圆形或圆形,叶形较大,叶背绿色,无茸毛,花呈撒房状圆锥花序。

我国是世界上苎麻分布最广,产量最多的国家,产量占全世界产量的 90% 左右,苎麻在世界上有"中国草"的美誉。我国苎麻主要生长在三大麻区,即长江流域麻区、华南麻区、黄河流域麻区,其中长江流域麻区是最主要的产麻区,产量占全国的 90% 以上。

苎麻植株的地下部分称为麻蔸,包括地下茎及根两部分。麻茎丛生于麻蔸上,呈圆筒形,梢部较细,基部较粗,外表有茸毛,一般高 2m 左右,高者可超过 3m。麻茎粗细约为 1~2cm,麻茎在生长的前、中期呈淡绿色或深绿色,在成熟期由于韧皮纤维成熟,皮层中的木栓组织代替了表皮,茎色多由绿色变为黄褐色或褐色。茎上有节,节数不等,一般为 30~60 个,气候不良时,则茎矮节少,节间较短,节间长度为 2~6cm。麻茎一般不分枝,但在栽植的第一年或稀植的情况下以及收获期,推迟的老熟麻茎则易有分枝的倾向。每个麻蔸上着生的茎有十根至数十根。

苎麻大多一年收割三次,分别称为头麻、二麻、三麻。头麻,品质最好,生长周期为 80~90天。二麻、三麻品质次之,二麻生长周期为 50~60 天。三麻生长周期为 70~80 天,三季麻共需210~220 天,11 月下旬三麻收割完毕。

苎麻收割的时间对纤维的品质及其产量影响极大,收割过早,纤维未充分发育,纤维柔弱,强力较差,可纺性差且纤维产量低;收割过晚,纤维粗硬,力学性能及可纺性也差,既不利于纺纱工艺正常进行,也影响下季麻的出苗及正常生长,降低下季麻的产量。

目前我国苎麻纤维的质量不太高,除品种还有待进一步改良外,传统的农作制度也是造成苎麻纤维质量不高的原因之一。主要是苎麻生长期过长,纤维细胞壁过厚,纤维较粗,难以满足苎麻纺织工业发展高档产品的需要。因此,适当缩短各季麻的生长期即可大大提高优质苎麻纤维在苎麻原料中所占的比例,对工业、农业都十分有利。

(二)苎麻的麻茎构造及纤维特点

麻茎从表皮到中心的组织排列顺序为表皮层、韧皮部、形成层、木质部和髓部。一般将麻茎自表皮到形成层的部分合称为皮层,在麻纤维收获时主要剥取麻茎的皮层,去除麻茎的木质部,而得到生麻皮。

表皮层是植物茎秆的保护组织层,能保护植物内水分不致迅速蒸发,并有呼吸作用,麻茎的表皮层又可分为表皮和内皮两部分。表皮为茎部最外的一层,其表面有角质,能起防护作用。表皮的内部为内皮,它和表皮密接,称为表皮层。

麻茎的韧皮部在表皮层与形成层之间,可分初生纤维层和次生纤维层。初生纤维是最先生成的纤维,处在纤维层的最外部分。次生纤维是由形成层分裂增殖而产生的,位于初生纤维的里面,有层次地向内排列,直到与形成层部分相连接。这两种纤维的来源不同,它们的细胞组织形态也不同,初生纤维组织较紧密,细胞壁较厚,中腔较小,纤维富有弹性,强力也高,次生纤维的强力较差。

形成层位于韧皮部与木质部之间,它的特性是向外增殖新细胞,大部分增殖次生纤维,向内生长时增殖木质部细胞。分隔木质部和韧皮部的形成层细胞较为柔弱,因而韧皮部纤维就容易与木质部分离,麻皮的韧皮层就容易剥下。

木质部在形成层的里面,大部分是由木质细胞组成,使麻茎具有很高的坚固性。麻茎剥去韧皮后剩下的就是麻秆,麻秆中心是髓部,髓是麻层最内层,用以储存养料。

苎麻麻茎构造特点为木质部发达,韧皮组织外有着完整的保护组织,既可保护韧皮组织不受生物因子的破坏,也可防止各种化学、物理因子的破坏,对各种化学药剂的作用表现出极大的稳定性。韧皮组织中的纤维处于胶质包围之中,胶质将各单纤维黏结成片状。

苎麻纤维特点为单纤维特数较低,头麻最细,三麻次之,二麻最粗。优良品种的苎麻纤维,平均细度在 0.5tex 或以下,平均细度在 0.67tex 以上时,只能加工低档产品。苎麻的梢部纤维最细,中部次之,根部最粗,每部位的变化范围在 0.4～0.67tex,因此苎麻纺纱厂在加工高支纱时常在脱胶前把根部麻切除,以提高纤维的平均支数。

苎麻单纤维长度较长,平均长度 6.03cm,最长可达 45cm,这说明苎麻纤维更适于单纤维纺纱。其中,二麻最长,头麻、三麻次之,4.5cm 以下的短纤维率为二麻最低,头麻、三麻较高。

(三)苎麻的初步加工

苎麻的初步加工工艺过程包括剥皮、刮麻、脱胶、晒干等,苎麻成熟后,收取麻株,麻株经过初步加工以后得到精干麻。

1. 剥皮　剥皮是将麻茎外部的麻皮(麻茎结构中韧皮组织及其外部组织的总称)与其内部的木质部分离的加工过程。剥皮的方法有两种:

(1)扯剥法。大多数地区采用此法,麻农在收麻时直接从麻株上扯剥麻皮。

(2)砍剥法。少数地区采用此法,收麻时麻农先用竹竿打落麻叶,后用快刀整齐地砍断麻茎,将砍下的麻茎捆扎后浸于水中,再进行剥皮。将剥下的麻皮扎成小绞及时浸入水中,洗去泥污和部分浆液,使麻皮充分吸水,以便进一步刮去青皮。

2. 刮麻　刮麻又称刮青,是鲜皮(韧皮)与其外部麻壳(青皮)的分离加工过程。苎麻的青皮比较发达,青皮的化学性质对酸、碱、氧化剂等药剂的作用极其稳定,即使经碱液较长时间的加压煮练,甚至漂白处理也难破坏,所以刮青质量的好坏对其脱胶、纺织加工及后整理过程的影响极大。刮青以后得到的是苎麻的韧皮组织,晒干以后即为苎麻纺织厂的原料,称为原麻。

3. 脱胶 脱胶是脱去原麻中的胶质,制取适于纺织加工的苎麻纤维的过程。因为原麻中含有许多胶质,纤维被包围在内,不能直接用来纺纱,所以,在纺纱工程前必须经过脱胶工程处理,脱去原麻中的胶质,制取出其中的苎麻纤维(精干麻)。因为苎麻适于单纤维纺纱,因此要求脱胶要完全(全脱胶),尽量脱去原麻中的胶质,控制精干麻的残胶率,一般不超过 2%。

目前脱胶的方法主要是化学脱胶,以化学药剂为主,并辅以一定的机械、化学和物理化学的方法处理原麻,脱去胶质,得到苎麻单纤维。此外也采用苎麻的生物脱胶(包括酶脱胶方法)和生物—化学脱胶方法。

二、亚麻的生长及初步加工

(一)亚麻的种类及生长

亚麻属亚麻科,纺织用亚麻均为一年生草本植物,每年春天开始播种,整个生长期约为70～80 天。麻茎高 30～100cm,直根较细,呈淡黄色,茎直立,圆柱形,上部分枝,无毛。亚麻要及时收获,收获过早,纤维柔弱,出麻率低,纤维强力差,水分多,不便保管;过晚,遭雨倒伏,麻茎品质降低,纤维粗硬、脆弱。

亚麻的种类按用途分为三种:纤维用、油用和兼用三种。纤维用亚麻,通称亚麻,主要用以制取亚麻纤维,纤维细长,是优良的纺织纤维之一;油用亚麻,也称胡麻,主要用以收取种子、榨油,茎中纤维含量少,纤维粗、短、质差;兼用亚麻,性能特点介于前两者之间,即用于收取种子、榨油,也收取部分纤维,纤维质量不及纤维用亚麻但优于油用亚麻,纺制质量较好的低档纱甚至中档麻纱。油用亚麻和兼用亚麻有时也称为胡麻。

我国纤维用亚麻的种植区域在北纬 45°～55°,主要产于黑龙江和吉林两省,油用亚麻主要产于西北地区,兼用亚麻主要产于内蒙古、河北、辽宁等地。苏联的亚麻产量最多,质量最好。东、西欧国家,如德国、捷克、斯洛伐克、法国、比利时等国的产量也很多。

(二)亚麻的麻茎构造及纤维特点

亚麻属韧皮纤维,麻茎较细,直径仅 1～3mm,木质部及保护组织不及苎麻的发达,纤维成束地分布在茎的韧皮部分,在麻茎径向有 20～40 个纤维束均匀地分布,呈一圈完整的环状纤维层。单纤维为初生韧皮纤维细胞,一个细胞就是一根单纤维,单纤维很短,一束纤维中约有30～50 根单纤维。

纤维的品质是不均匀的。根部单纤维横截面呈圆形或扁圆形,细胞壁薄,层次多,髓大而空心。由根部起 1/6 部位到茎中部,单纤维截面大多是多角形,细胞壁厚,纤维束紧密,此段的纤维品质在麻茎中最优良。茎梢部的纤维束松散。亚麻单纤维两端尖细,长度变异极大,麻茎根部最短,中部稍长,梢部最长,纤维束数目在麻茎不同部位的差异也大,尤其是一束中单纤维数目相差更大,一般茎基部和中部纤维束最多,梢部较小,而每束中的纤维细胞数则中部和梢部较多,基部最少。

亚麻单纤维又称原纤维,纵向中段粗两端细,横截面呈多角形,一根单纤维为一个单细胞,平均长度为 10～26mm,长度变异为 50％～100％,细度为 0.125～0.556tex,一般在 0.167～0.333tex 范围内,油用亚麻单纤维长度较短。

(三)亚麻的初步加工

亚麻的初步加工工艺过程包括脱胶、晒干、碎茎打麻等。亚麻成熟后,收取麻株,晒干后得到原茎,由原茎经浸渍脱胶、晒干后得到干茎,干茎经碎茎打麻工艺制得打成麻。

亚麻单纤维虽然细度细,但平均长度短,长度变异大,若将胶质全部脱去即全脱胶,势必形成短绒,为此,常采用半脱胶,使单纤维之间由残胶粘连在一起,形成束纤维。在纺织上,将这种符合纺纱要求的具有一定细度、长度的束状纤维,称为工艺纤维。

1. 脱胶 脱胶又称浸渍。将收取的鲜茎或原茎经过微生物方法脱去其中的胶质。脱胶的方法有几种:产地就地脱胶和原料加工厂脱胶。

(1)产地就地脱胶。产地就地脱胶常用露浸法,是将收获的麻茎直接铺放在地上,借助阳光、雨露的作用给好氧性果胶分解菌创造适宜的生活条件,使其大量生长、繁殖而脱去麻茎中的胶质。

(2)原料加工厂脱胶。原料加工厂脱胶,包括温水浸渍法、冷水浸渍法和汽蒸浸渍法。

①温水浸渍法。温水浸渍法是将原茎打成捆,竖放于浸渍池中,原茎的浸渍密度约为 150 kg/m³。浸渍池多为水泥制,其大小一般可装 3～6 个原茎捆,池水温度为 36～38℃,需浸 3～4 天。温水浸渍过程一般都是厌氧性微生物的生命活动过程。适时排除废液,或采用废液再生措施,或在浸渍液中补充必要的营养物质等办法,均可加速微生物的生命活动过程,缩短浸渍时间,提高浸渍质量。此法是亚麻原料浸渍中比较完善的浸渍方法,被许多亚麻原料加工厂所采用。

②冷水浸渍法。冷水浸渍法是将原茎浸于冷水水池中完成浸渍过程。该过程基本上也是厌氧性微生物的生命活动过程。水池有的是人工的,有的是天然池塘,由于水温不受控制,因此,浸渍时间较长,达 1～4 周,浸渍质量较差。

③汽蒸浸渍法。汽蒸浸渍法是一种物理浸渍法。工作时,先将原茎在冷水中浸泡 1h,使韧皮组织吸水膨胀,同时去除部分水溶物,再移入蒸汽锅中,在 245kPa 压力下,汽蒸 75～90min 后取出。此法优点是经济节约,果胶被水解而纤维素不受破坏,纤维可纺性好。

2. 晒干 浸渍以后的亚麻仍保持原来的状态,不过麻茎中的纤维束间,纤维束与木质间的联系已大为削弱。浸渍过的麻茎晒干以后称为干茎,干茎中的果胶物质虽被脱去不少,但其中仍含有不少木质未被破坏,亚麻纤维尚未制取出来,难以利用。

3. 碎茎打麻 这是由干茎制取亚麻纤维的过程。

(1)碎茎是将干茎喂入碎茎机中,在沟槽罗拉的强劲挤轧下,木质被压碎,使纤维和木质基本分离。

(2)打麻是将已碎茎的麻束喂入打麻机中,麻束的一段被夹持,另一端受到打麻滚筒的刮打,去除其中的木质。一端打清洁后,再转过来打击另一端。经过打麻机打击后得到的是较为洁净的麻束,称为打成麻。打成麻是亚麻纺织厂的原料,用以纺制亚麻纱。现在的碎茎和打麻都是在打麻联合机上一次完成,打麻联合机的工艺过程如图 4-1 所示。

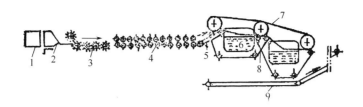

图 4-1　打麻联合机

1—喂麻台　2—自动齐头装置　3—斜形喂入装置　4—碎茎机　5—传送装置

6—打麻机　7—运输夹持皮带　8—倒麻装置　9—落底输出装置

打麻机上的落麻含有 40％左右的粗纤维,经进一步处理后可以利用,打麻联合机如图 4-1 所示。

由图 4-1 可知,将干茎均匀地铺放在喂麻台 1 上,由自动齐头装置 2 使干茎根部平齐,梢部伸开,由斜形喂入装置 3 将干茎喂入碎茎机 4 内,利用十二对沟槽罗拉装置,揉搓干茎,使纤维层与木质层分离。再由传送装置 5 将碎茎后的干茎送到打麻机 6 中,经打麻锡林翼刀的打击,去掉麻屑、木质和其他杂物,得到可纺亚麻长纤维,即打成麻。运输夹持皮带 7,是将传送装置上的亚麻干茎先夹持一端后,再将另一端输入打麻机,接受打麻锡林上翼刀的打击,去除杂物,获取好的纤维。倒麻装置 8,是当麻束的一端受打击后,用运输夹持皮带夹持,露出另一端,接受打麻锡林上翼刀的打击。最后由落麻输出装置 9,将麻屑、木质和其他杂物输出机外。

三、黄麻、洋麻的生长及初步加工

黄麻、洋麻是我国主要麻类资源之一,大量地用以制织麻袋等包装材料。此外,由于纺织化学加工及机械加工技术的提高以及消费者的需要,也有部分黄麻纤维经化学改性处理后用来制织服装面料及地毯等。

(一)黄麻、洋麻的种类及生长

黄麻属椴树科(或田麻科),一年生草本植物。这个属约有 40 个种,用于纤维的有 14 个种,我国栽培品种大多为圆果种和长果种两种。长果种纤维细而长,品质较优,可纺细特纱,但长果种不耐湿,产量低。圆果种纤维较粗,产量较高。洋麻是锦葵科木槿,洋麻属一年生草本植物。木槿属大约有 200 个种,我国栽培品种绝大多数为南方型洋麻。

黄麻、洋麻主要分布在热带和亚热带地区,国际上以印度、巴基斯坦、孟加拉等国产量最多,我国主要产于浙江、安徽、广西、广东、湖北、四川等地。

黄麻的直根系有主根和侧面根,主根长达 1m 左右,茎直立,圆柱形,带有深浅不同的绿、红、紫等颜色,表面光滑或稍粗糙。洋麻的茎直立,高 3~5m,粗 1.5~2.0cm,呈绿、紫、红或浅红色。

黄麻从出苗到纤维成熟期一般为 100～140 天,而从出苗到种子成熟则约需 140～210 天。洋麻从播种到种子成熟,早熟品种为 130～150 天,中熟品种为 160～180 天,晚熟品种在 200 天以上。

(二)黄麻、洋麻的麻茎构造及纤维特点

黄麻单纤维长度很短,约 $1\sim4$mm,宽度 $10\sim20\mu$m,在黄麻的横截面中可以看到许多呈锐角而不规则的多角形纤维细胞集合在一起形成纤维束,束纤维截面中含有 $5\sim30$ 根单纤维,单纤维一般为五角形或六角形,单纤维之间由狭窄的中间层分开,中腔呈圆形或卵圆形,有宽有窄。纤维外部光滑,无转曲,富有光泽。黄麻初生纤维平均长度为 3.56mm,次生纤维平均长度为 1.47mm,从纺纱价值看,希望初生纤维含量高,麻株不希望很粗大,因为粗大麻株中次生纤维含量高,纤维品质下降。

洋麻单纤维横截面的形状有多角形和圆形,细胞大小不一,一般单纤维长度为 $2\sim6$mm,宽度为 $18\sim27\mu$m,细胞壁厚度为 $4\sim9\mu$m,中腔为 $6\sim17\mu$m,细胞顶端呈钝角,偶有小分叉或分枝。

(三)黄麻、洋麻的初步加工

黄麻、洋麻的初步加工工艺过程包括脱胶、晒干等。由麻株经剥皮后脱胶,也可采用先脱胶后剥皮的方法。通过浸渍脱胶,去除生麻皮中的胶质和非纤维素物质,经晒干后得到纺织厂加工所需的原料,即熟麻。

因黄麻、洋麻单纤维较粗,长度很短,因此,都采用微生物脱胶方法进行半脱胶,俗称沤麻或精洗,这是一个厌氧性微生物的生命活动过程,都在产地进行。主要有整株浸渍法和剥皮浸渍法两种方法。

1. 整株浸渍法(先浸后剥)　将收割下的麻株扎成小捆,按一定的方式浸于天然池塘中,经一定时间的微生物作用脱去胶质,再取出,剥下麻皮,在清水中漂洗干净,晒干。

2. 剥皮浸渍法(先剥后浸)　将收割下的麻株先剥皮,再将麻皮扎成绞状,浸于池塘中,经一定时间的微生物作用脱去胶质,再取出,在池水中洗净麻壳、皮屑,晒干。

第二节　纤维素的伴生物及其性质

通常把麻纤维中除了纤维素以外的部分叫做纤维素的伴生物,主要有果胶、半纤维素、木质素,还有一些蜡质、色素以及无机盐和灰分等物质。麻纤维有很多种,如亚麻、苎麻、黄麻、红麻、大麻、罗布麻等,在不同的麻纤维中,纤维素以及各种杂质的含量有很大差别,如表 4-1 所示。

表 4-1　几种麻纤维比较

项目	苎麻	亚麻	黄麻	红麻	大麻	罗布麻
纤维素(%)	$65\sim75$	$70\sim80$	$57\sim60$	$52\sim58$	$67\sim78$	40.82
半纤维素(%)	$14\sim16$	$12\sim15$	$14\sim17$	$15\sim18$	$5.5\sim16.1$	15.46
果胶物质(%)	$4\sim5$	$1.4\sim5.7$	$1.0\sim1.2$	$1.1\sim1.3$	$0.8\sim2.5$	13.28
木质素(%)	$0.8\sim1.5$	$2.5\sim5$	$10\sim13$	$11\sim19$	$2.9\sim3.3$	12.14
其他(%)	$6.5\sim14$	$5.5\sim9$	$1.4\sim3.5$	$1.5\sim3$	5.4	22.1
单纤维细度(μm)	$30\sim40$	$12\sim17$	$15\sim18$	$18\sim27$	$15\sim17$	$17\sim23$
单纤维长度(mm)	$20\sim250$	$17\sim25$	$1.5\sim5$	$2\sim6$	$15\sim25$	$20\sim25$

一、半纤维素及其性质

在麻纤维中,存在着一些与纤维素结构相似的多糖类物质,但其相对分子质量却比纤维素低得多,它们与纤维素的区别主要有以下两点:

(1)在一些化学药剂中的溶解度大,很容易溶解于稀碱溶液中,甚至在水中也能部分溶解。

(2)水解成单糖的条件比纤维素简单得多。一般将这些结构近似于纤维素又能溶解于稀碱溶液中的物质称为半纤维素。在不同的工业部门中对碱液浓度有不同的标准,在纺织工业中,将能溶于2%的热的氢氧化钠溶液中的多糖类物质称为半纤维素。

半纤维素是麻纤维原料的主要成分之一,它是随着麻的生长而形成的,其含量和成分与麻的品种、地区、生长季节、初加工方法等因素有关,一般半纤维素成分的含量为12%~17%。

半纤维素与纤维素不同,它不是由一种糖基组成的均一聚糖,而是由不同的几种糖基组成的共聚物的总称。大部分半纤维素的分子量不大,聚合度不高,大分子结构为线型,主链上带有短而多的支链,主链一般不超过150~200个糖基,与纤维素相比,半纤维素是分子量很小的高分子物质,半纤维素的结构形式如下:

$$
\begin{array}{c}
\text{C} \\
| \\
\text{A—A—B—B—主链} \quad \text{(A,B 皆为糖基)}
\end{array}
$$

如果将半纤维素和纤维素进行比较,半纤维素与纤维素两者同属于多糖,同为苷键连接,同处于细胞壁内,具有某一些相近的性质,如酯化、醚化、氧化、乙酰化等,并在适当的条件下可水解和生物降解,但是在某些性质上有较大差异。

(1)从分子结构上来看,纤维素是由单一的葡萄糖基所组成的均一聚糖,而半纤维素是由两种或者两种以上不同的糖类所组成的非均一聚糖,其中还有少量的糖醛酸基。此外,半纤维素还含有较多的还原性末端基,易于被氧化成羧酸。

(2)从分子形态上来看,纤维素是典型的线形高分子,只有直链,而半纤维素主要是线型的,但常常带有支链,并且具有不同的分支程度。纤维素和半纤维素的聚合度差异很大,前者为几千甚至上万,后者仅为150~200。

(3)从超分子结构上来看,纤维是由结晶区和无定形区交错联结而成的二相体系。纤维素以微原纤状态存在于细胞壁中,而半纤维素则不具备这种结晶和原纤状态。

(4)从作用上来看,纤维素是细胞壁的重要组分,纤维素是纵向比横向大许多倍的纤细结构的高分子,各大分子间能形成氢键,为此它在细胞壁中起骨架作用,半纤维素是包围在骨架周围的基质物质,起黏结作用。半纤维素的含量和组成也有很大差异。

(5)从物理性质上来看,纤维素和半纤维素均含有游离羟基,具有亲水性。半纤维素的吸湿和溶胀均比纤维素高。因为纤维素吸着的水分只能进入无定形区而不能进入结晶区,半纤维素一般都是无定形物质,水容易进入。某些半纤维素多糖易溶于水,而且支链越多,水中的溶解度越高,纤维素则越不溶于水。多数半纤维素多糖易溶于氢氧化钠溶液,只有聚合度小的纤维素才能溶于氢氧化钠溶液。

(6)从化学性质上来看,半纤维素比纤维素更容易被酸水解,由于半纤维素的组成和结构复杂,不同类型的半纤维素在酸性条件下的水解性能也不相同。纤维素和半纤维素的水解产物不同,前者在适当时可以完全水解,最终产物为葡萄糖。半纤维素的水解产物比较复杂,以戊糖为主,其次为己糖,糖醛酸最少。各种半纤维素的性质相差很大,对酸液的水解作用而言,有的极易水解,有的较难。对于稀碱溶液的作用同样有的易溶于稀碱溶液中,有的则较难。这是由于半纤维素成分及其结构的多样性而造成的。

二、果胶及其性质

一般认为分子中含有多缩半乳糖醛酸的钙盐、镁盐与钾盐的复杂糖称为果胶。果胶在自然界分布很广,存在于植物的果实、汁液、根茎及韧皮部分。果胶是原始物质,在麻的生长过程中由它生成纤维素、半纤维素和木质素等物质。果胶物质的存在影响纤维的毛细管性能和吸附性,果胶物质含量越少,则纤维的毛细管性能和吸附性就越好。

不同植物或同一植物在不同生长期中,其含量均不相同。果胶物质在麻中的含量与麻的成熟度有关,成熟度增加,果胶含量降低而纤维素增加。

(一)果胶种类及性质

1. 可溶性果胶 可溶性果胶是指果胶酸中的羧基被甲基化形成的果胶酸甲酯。对水具有良好的可溶性,甲氧基的含量越高,其水溶性越大。

果胶酸甲酯

2. 不溶性果胶(生果胶) 不溶性果胶是指果胶酸中的羧基中 H^+ 的被 Ca^{2+}、Mg^{2+} 取代生成的果胶酸的钙、镁盐,具有网状结构特点,果胶酸钙、镁盐不溶于水的原因有以下几点:

(1)果胶酸钙、镁盐具有网状结构特点,增加了果胶物质分子间内部的联系力,因此表现出对水的难溶性,也增加了化学加工工艺处理的难度。

(2)果胶物质的相对分子质量很大,对溶剂的溶解性较低。

(3)果胶物质大分子中还存在有未被酯化的羧基,这些游离的羧基可能与纤维素中的羟基形成酯键,也可能与纤维素中的羟基形成氢键结合。

果胶酸钙、镁盐虽然不溶于水,但对碱和酸作用的稳定性比较低的。经过稀酸溶液的处理,或在较高温度下用碱液煮练可使果胶物质的长分子链发生水解而断裂。

(二)在不同生长期果胶物质的形态

在不同生长期果胶物质的形态不同,以苎麻为例,在幼苗期,大部分是可溶性果胶,随着植物的生长,一部分转化为纤维素、半纤维素,另一部分可能转化为不溶性果胶,成熟后,不溶性果胶的含量不断增加,收割后,果胶中的可溶性成分绝大部分转化为不溶性的。所以原麻放置时间越长,不溶性果胶含量越多。

三、木质素及其性质

木质素是植物细胞壁的主要成分之一,起着支撑作用,黏结纤维素,使其具有承受机械作用的能力。植物中的木质素基本上存在于细胞的胞间膜及细胞壁的内部。其中,一部分木质素与半纤维素成化学结合而紧紧地联系在一起,但与纤维素间未发现有化学结合。麻类植物的木质素主要存在于麻茎的木质部组织及韧皮组织中,苎麻原麻中含 1% 左右,亚麻打成麻中含 2%~2.5%,黄麻中含 12%。

麻纤维中木质素含量的多少是影响麻纤维品质的重要因素之一。木质素含量少的纤维,光泽好,柔软并富有弹性,可纺性能和印染的着色性能均好。反之,纤维光泽差,柔软性、弹性及纤维的可纺性均差。因此,从使用角度及纺纱工艺角度出发,总希望纤维中的木质素含量越低越好。对苎麻原料而言,在脱胶工艺中应尽量去除纤维中的木质素。而对亚麻和黄麻而言,虽然也希望脱胶工程中尽量脱除木质素,但要掌握适度,不可过分,否则易使工艺纤维解体,从而降低亚麻和黄麻工艺纤维的纺纱性能。

(一)木质素的结构

由于纯净的木质素样品很难得到,应用不同方法分离出来的木质素,其结构都各不相同,分离提纯的方法不同,得到的木质素的结构也不同,因此提到木质素的时候,一般都应指出其提纯的方法,用硫酸法分离出的木质素称为硫酸木质素,用盐酸法分离出的木质素称为盐酸木质素,用碱法分离出的木质素称为碱木质素。

木质素不是单一结构的化合物,而是复杂的芳香族的聚合物,其构造单元为苯核,上面有三个碳原子构成的侧链,属于苯丙烷的衍生物,主要有三种类型:

(1)邻甲氧酚基构造:

(2)4-羟基-3,5二甲氧基苯构造:

(3)羟基苯构造:

木质素的结构比较复杂,分子中含有不饱和的双键和多种官能团,如甲氧基、羟基、羰基等,这些基团的存在形式不同也决定了木质素具有不同的化学性质:

甲氧基($-OCH_3$):甲氧基连接在芳环上,一般比较稳定,在高温碱性条件下,才能使甲氧基中的甲基脱去形成甲醇。

羟基(—OH)：一种是木质素苯环上的酚羟基，另一种为丙烷脂肪族的羟基。羟基对木质素的化学性质有很大的影响，然而测出的木质素中羟基的含量变化很大，这是由于木质素的化学性质不稳定，经不同的化学处理，木质素羟基含量发生变化了。

羰基(—C=O)：木质素的羰基主要位于脂肪链上，其他部分为酮基或醛基，因此木质素具有羰基的一些化学性质。

(二)木质素的性质(多样化)

木质素是无定形的粉末状物质，颜色随分离方法的不同而不同。不同方法分离出的木质素，有的可溶，有的不可溶。以下讨论与麻纤维化学脱胶工程有关的化学性质。

1. 氯化作用　木质素易与氯起反应，生成氯化木质素。氯与木质素的反应机制有两种：

(1)氯与木质素相互作用时有大量的氯化氢发生，这表明在氯化木质素时，发生了氢的置换反应，这是氯化木质素的反应特征之一，其反应过程为：

$$RH_2 + Cl_2 \rightarrow RHCl + HCl\uparrow$$

(2)木质素大分子结构中存在着双键，因此氯与木质素相互作用时除了有置换反应，还有加成反应。

木质素虽易氯化，但要将韧皮组织内的木质素用一次氯化法将其去除也是不可能的，需经多次的氯化—碱煮处理才有可能将其除尽。这是因为氯化木质素时，首先使表层的木质素发生氯化，这层氯化木质素阻止了氯化过程向内层木质素进行。处于内层的木质素不易被氯化，因此，必须用氢氧化钠溶液煮练，使表层氯化木质素溶解，如此反复地氯化，反复地碱液煮练才能将木质素除尽。氢氧化钠溶液溶解氯化木质素的反应过程为：

$$R—Cl + 2NaOH \rightarrow R—ONa + NaCl + H_2O$$

采用氯化木质素工艺时，应该注意到由于盐酸的生成及温度的升高而对纤维素造成的水解作用，会损伤纤维素的机械性质。

在进行纤维材料中木质素成分含量的定量分析时，常用的方法之一就是氯化法。其过程就是通氯气于待测样品中，而后用亚硫酸钠溶液洗涤，如此反复若干次，直至将木质素除尽为止，按去除木质素的重量计算出纤维材料中木质素的含量(%)。

2. 氧化作用　木质素对氧化剂的作用不如纤维素那样稳定，易受氧化剂的作用而裂解。在碱性介质中，卤素能氧化木质素并形成含有羟基的物质，如用过氧化氢、高锰酸钾等氧化剂氧化木质素时，可能得到草酸、甲酸及醋酸等化合物。利用稀的亚氯酸盐、二氧化氯水溶液处理木质素，木质素可被氧化而能溶解在亚硫酸钠溶液中。

不论采用何种氧化方法氧化木质素时，都必须注意采取一定的措施，保护纤维素，以防止受到氧化破坏。

3. 碱液作用　在麻化学脱胶工艺中，如用氢氧化钠溶液进行高压煮练，木质素大部分能溶解在碱液中，尤其以先预浸酸再高压煮练的去除效果明显。

碱液煮练去除木质素的过程大致分为三个阶段：

(1)碱液与木质素表面接触时，由于木质素中酸性酚羟基对碱液的吸附作用，在相当长的时间内木质素表面与碱液处于饱和平衡状态。

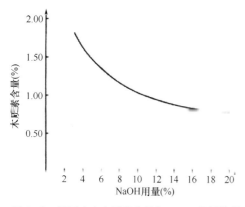

图4-2　精干麻中木质素含量与 NaOH 用量的关系

（2）随着碱液的吸附，碱与木质素发生化学反应，生成碱木质素。

（3）最后发生化学水解作用，使碱木质素自木质素表面上脱落而溶于碱液中。

影响碱液与木质素作用的因素主要有：

（1）碱液的浓度。碱液去除木质素的能力随碱液浓度的增加而增加。例如，浓度为 2.9mol/L 的氢氧化钠溶液，在 160℃ 条件下去除木质素的能力为 1.4mol/L 的氢氧化钠去除效果的两倍。以苎麻脱胶工艺为例，如图4-2所示。

由图4-2可知，随着煮练碱液浓度的增加，去除木质素的量增加，精干麻中含有的木质素量降低。

（2）碱液的温度。碱液去除木质素的能力随碱液温度的增加而增加，表4-2为硫酸木质素在 10% 氢氧化钠溶液中煮练的温度与压力对其溶解量的影响。

表4-2　碱液温度与压力对硫酸木质素溶解量的影响（煮练时间为 2h）

煮练温度（℃）	初始压力（kPa）	煮练压力（kPa）	未溶物（%）	溶解物（%）
130	31.41×10^2	43.57×10^2	86.9	13.1
150～154	1.01×10^2	7.09×10^2	56.0	44.0
150～154	30.40×10^2	45.60×10^2	51.5	49.5

由表4-2可知，硫酸木质素在氢氧化钠溶液中的溶解度以温度的影响较显著，而压力的影响较小。

（3）碱液的种类。在比较氢氧化钠、氢氧化钾和氢氧化锂三种碱液去除木质素的效果时发现，氢氧化钾的作用效果最好，氢氧化锂的作用效果最差。在浓度为 2.9～4.5mol/L 时，活性相差不大，但当浓度超出这一上限时，各种碱液对木质素的去除效果就会有较大的差异。

4. 无机酸作用　木质素对无机酸的稳定性相当高，不论在冷却还是在加热情况下，无机酸（包括强无机酸）都不能使木质素裂解为低分子物质。木质素在无机酸的作用下可能发生相反的化学变化过程，即木质素的缩聚化。

定量分析时，用酸溶解法测定试样中木质素的含量。其原理就是利用一定的强无机酸处理试样，使纤维素及其伴生物溶解，剩下未溶的部分即为木质素。

四、其他成分

(一)蜡质

在天然植物纤维原料中，可以被有机溶剂所提取的部分称为蜡质。蜡质的主要成分是高级饱和脂肪酸和高级一元醇所组成的酯，还含有部分游离的高级脂肪酸、高级醇及烃类。其中脂肪酸以及脂肪酸酯类物质在碱溶液中容易皂化。蜡质分布在麻纤维的表面,在植物生长过程中有防止水分剧烈蒸发和浸入的作用,其含量为$1\%\sim2\%$左右。

在麻纤维脱胶工程中,蜡质不是脱除对象,因为它能赋予纤维以光泽、柔软、弹性及松散性,对可纺性是有利的。但在化学脱胶过程中,麻纤维原料经酸、碱、氧化剂等化学药剂处理后,蜡质被清除,使脱胶后的纤维变得粗糙、板结和硬脆。为了改善这种状态,在化学脱胶的工艺过程中配有给油工序,而在梳纺工程之前还有一道给湿、加油过程,目的是使纤维柔软、松散,以减少梳纺工程中纤维的损伤程度。

(二)灰分

将麻纤维置于空气中充分燃烧,则纤维中的纤维素、多糖类物质、木质素及脂蜡质都氧化成二氧化碳和水分而排出,残留的白色或灰色粉末为灰分。

灰分大多为金属或非金属元素的氧化物及无机盐类物质,如SiO_2、P_2O_5、Fe_2O_3、CaO、MgO、K_2O以及钙盐、镁盐、钾盐等,在原麻中含量约为$2\%\sim2.5\%$。但是,麻纤维灰分的含量及分布是有差异的,影响因素很多,如麻茎部位、不同生长期、成熟度、农业技术条件、初加工方法等。一般规律是,随着植物的生长到成熟,其灰分含量是逐渐降低的。纤维中灰分含量的多少,影响化学加工的质量及织物后整理、染整加工的质量。

在麻纤维中,Ca^{2+}和Mg^{2+}常与果胶酸结合,生成不溶性的果胶酸钙、镁盐,增加了脱胶工序的处理困难。因此很多厂家在脱胶碱溶液中添加有螯合、络合作用的多聚电解质。灰分中的钙、镁离子成分大都来自于果胶酸的钙、镁盐。经化学脱胶后,麻纤维中的灰分含量变化不多,但其成分发生一系列变化。这是因为麻纤维经化学脱胶后,纤维中纤维素的含量及纯度大大增加,吸附能力改善,能充分地吸附脱胶碱液中的盐类物质,因此脱胶麻的灰分中往往含有较多的钠盐。

(三)其他成分

原麻中,除含纤维素、半纤维素、果胶物质、木质素、脂蜡质、灰分外,还含有水溶物,少量的含氮物质、色素、鞣质等。含氮物质是构成细胞蛋白质的组成部分之一,原麻中含氮物质的含量是随纤维的成熟而下降的,在麻茎中的分布,以梢部最多,根部最少。含氮物质能溶于热水中,用碱液煮练后,可全部除去。鞣质又称单宁,能溶于水中,麻纤维微生物脱胶中,含量过高会影响微生物的活性,甚至能阻止微生物的繁衍,影响微生物脱胶产品的质量。色素能溶于水及有机溶剂中,经过化学脱胶后,麻纤维中就不再含有色素了。

第三节　麻纤维的化学脱胶

麻纤维的脱胶方法主要采用化学脱胶方法。其优点是,脱胶完全工业化,因此,工艺参数可以控制,脱胶质量有保证且生产不受季节限制,它的适用范围很广,不仅可用于全脱胶(如苎麻、大麻纤维的脱胶),也适用于半脱胶(如亚麻、黄麻等纤维的脱胶)。其缺点是废水排放量大,易污染环境,设备投资费较大等。麻类的化学脱胶主要适用于苎麻。

一、化学脱胶的基本原理

原麻含有一些胶杂质,包括果胶物质、半纤维素和木质素等成分。这些胶质包围在纤维的外表,将纤维胶结在一起,形成较硬的片状麻束,这样的麻束是不能直接用来纺纱的。此外,在植物生长过程中,由于风灾和病虫害的侵袭而形成的风斑、病斑、虫斑等疵点,以及由于收获、剥制等操作不良而使一些麻壳、皮屑留在原麻中,这样不利于纺织加工。因此,若使原麻具有可纺性,必须把这些非纤维素成分去除,得到精干麻,即脱胶。

以苎麻为例,苎麻原麻中含有 25% 左右的胶质,其他为纤维素。纤维素与胶质中各种成分对水、无机酸、碱及氧化剂等化学药剂作用的稳定性各不相同,如表 4-3 所示。

表 4-3　纤维素及伴生物在化学药剂中的稳定性

成分	热水	无机酸	氢氧化钠溶液	氧化剂
纤维素	稳定	水解	稳定	氧化
半纤维素	部分可溶	水解	溶解	氧化
果胶物质	部分可溶	水解	温度较高、时间较长可溶	氧化
木质素	稳定	极其稳定	高温、长时间可溶	氧化
脂蜡质	软化	水解	皂化	氧化

由表 4-3 可知,半纤维素中的低分子部分和可溶性果胶能溶于水中,半纤维素中的高分子部分、不溶性果胶和纤维素等成分均可被酸水解,而木质素对酸的作用表现出极大的稳定性。半纤维素、果胶物质和木质素等成分易被高温碱液作用而溶解,纤维素对碱液的作用则表现出较高的稳定性,纤维素和胶质均易被氧化剂氧化。

麻纤维的脱胶过程严格地说就是精制纤维素的过程。脱胶过程的组织和工艺参数的选择必须注意掌握两点原则:一是脱去胶质,使制取出的纤维满足纺纱工艺和产品质量的要求。二是对纤维的损伤尽量少。

因此,麻纤维的化学脱胶工艺过程不能采用以无机酸或氧化剂为主的工艺,只能采用以碱液煮练为中心的工艺过程。概括地说,就是利用原麻中的纤维素和胶杂质成分对碱、无机酸和氧化剂作用的稳定性不同,在不损伤或尽量少损伤纤维原有机械性质的原则下,去除其中的胶质成分,而保留或制取纤维素的化学加工过程。

二、化学脱胶的工艺过程

为了弥补化学药剂作用的不足,在脱胶工艺中还必须辅以一定的机械物理、化学和物理化学的作用。为提高碱液的煮练效果,提高脱胶麻的质量,在碱液煮练前后分别加以预处理和后处理两大工艺过程。因此,麻纤维的化学脱胶工艺从大的方面来说包括三个主要工艺过程,即预处理工艺、碱液煮练工艺和后处理工艺:

（1）预处理工艺的目的是提高加工原麻质量的均一程度，减轻煮练工艺负担，提高煮练效率，缩短煮练时间，节省化工材料的消耗。预处理有选麻、分把、浸酸等工序。选麻、分把是按品质拣选原麻、重新松匀扎把。浸酸是溶解一部分可溶物质，以便脱胶均匀、提高煮练效率。

（2）碱液煮练工艺的目的是煮熟煮透原麻中的胶质，以确保精干麻的残胶率符合纺织加工及产品质量的要求。碱液煮练是脱胶的中心工序，应用氢氧化钠，另加助剂。碱液的浓度、浴比、煮练的次数、压力、时间和练液的循环对脱胶效果和质量起重要作用。

（3）后处理工艺的目的是进一步去除黏附在纤维表面上的糊状胶质，弥补碱液煮练工艺的不足。改善纤维的力学性能，使纤维松散、柔软。改善纤维的色泽，增进白度，同时改善纤维的表面性质。后处理有打纤、冲洗、酸洗、水洗、漂白、精练、脱水、给油和烘干等工序。

化学脱胶工艺按碱液煮练方法分为两种，即一煮法工艺和二煮法工艺：

1. 一煮法工艺　一煮法工艺是将预处理过的麻原料装入煮锅用一定量的碱液一次煮练完成。其工艺简单，化工原材料、能源消耗量较小，但脱胶质量较差，因此可用于线密度较高、做工业用线的苎麻的全脱胶或亚麻等的半脱胶。

2. 二煮法工艺　二煮法工艺是对原麻原料实施二次碱液煮练，其中第一次煮练用的碱液为第一锅麻的第二次煮练的废碱液，而第二次煮练用的碱液则为新配置的碱液，其脱胶质量好，但工艺复杂，化工原材料、能源消耗量较多，因此适用于特数低、对脱胶要求比较严格的产品，该工艺适应性强，主要用于苎麻的全脱胶，也用于亚麻的半脱胶。二煮法工艺由不同的处理工序组成，视纤维的品质要求及加工的对象而定。以苎麻化学脱胶工程为例，常用的二煮法工艺如下：

（1）二煮法脱胶工艺。工艺流程为：

原麻拆包、拣麻、扎把→浸酸→水洗→装笼（或装笼→浸酸→水洗）→一次碱液煮练→热、冷水洗→二次碱液煮练→水洗→打纤→酸洗→水洗→脱水→抖松→给油→脱水→抖松→烘干，得到精干麻

二煮法工艺流程较短，生产的精干麻质量不高，一般只适用于纺高特纱。

（2）二煮一练法脱胶工艺。工艺流程为：

原麻拆包、拣麻、扎把→浸酸→水洗→装笼（或装笼→浸酸→水洗）→一次碱液煮练→热、冷水洗→二次碱液煮练→水洗→打纤→酸洗→水洗→精练→水洗→脱水→抖松→给油→脱水→抖松→烘干，得到精干麻

二煮一练法工艺生产的精干麻质量较好，适用于纺中低特纱。

（3）二煮一漂白脱胶工艺。工艺流程为：

原麻拆包、拣麻、扎把→浸酸→水洗→装笼（或装笼→浸酸→水洗）→一次碱液煮练→热、冷水洗→二次碱液煮练→水洗→打纤→漂白→酸洗→水洗→脱水→抖松→给油→脱水→抖松→烘干，得到精干麻

二煮一漂法工艺生产的精干麻质量较好，适用于纺中低特纱，漂白与精练比较，掌握工艺参数要求较高，但处理时间大大缩短。

(4)二煮一漂一练法脱胶工艺。工艺流程为：

原麻拆包、拣麻、扎把→浸酸→水洗→装笼(或装笼→浸酸→水洗)→一次碱液煮练→热、冷水洗→二次碱液煮练→水洗→打纤→漂白→酸洗→水洗→精练→水洗→脱水→抖松→给油→脱水→抖松→烘干,得到精干麻

二煮一漂一练法工艺生产的精干麻质量好,适于纺低特纱,但工艺流程长,生产成本较高。

除了以上工艺外,有时工厂还采用二煮二漂及二次打纤等工艺,以加强对胶质的去除,提高精干麻的质量。一般来说,只要工艺条件掌握恰当,采用的工序越多,精干麻的质量越好。但过长的工艺流程,无疑增加了生产成本,降低了生产效率。选择工艺的原则,应根据原麻的品质和对精干麻的质量要求而定,生产厂还应根据设备条件来选定具体工艺。

其他麻的脱胶工艺与苎麻相似,对某些具体工序可有些取舍,其工艺参数视产品的脱胶要求不同而有所不同。脱胶使用的主要设备有煮锅(高压或常压)、打洗机、冲洗机、脱水机、烘干机等。分析苎麻化学脱胶工艺过程可知,在苎麻的化学脱胶工程中,苎麻原麻受到了化学处理、物理化学处理及机械处理。

三、化学脱胶工程中的化学处理工艺

麻纤维化学脱胶工程中的化学处理工艺主要有碱液煮练、预处理中的浸酸、后处理中的酸洗、漂白、精练。

(一)碱液煮练

碱液煮练是麻纤维化学脱胶工程中最主要的工艺过程。原麻中的各种胶质成分大都在这一工序中被去除,因此,煮练效果的好坏直接关系到精干麻质量的高低,关键是要正确的选择与控制煮练的工艺参数以及制订合理的技术措施。

碱液煮练按煮锅的加压情况分为常压煮练和压力煮练:

(1)常压煮练是在普通的大气条件下进行的,碱液温度在 100℃ 左右。要求不高的常压煮锅可以由生产厂自制。

(2)压力煮练是在一定的压力条件下进行的,常用的煮锅压力为 147~196kPa,碱液的温度在 130℃ 左右,加压煮练有利于加快去除胶质,但对苎麻脱胶而言,也不宜使用过高的压力,煮锅压力过高,对设备要求更高,能源消耗大,且使精干麻色泽加深,强力下降,制成率降低。目前加压煮锅的外形主要为圆形,有卧式压力锅和立式压力锅两种,分别如图 4-3、图 4-4 所示。锅内备有碱液循环系统,以使煮麻时碱液能进行逆顺循环。

由图 4-3 可知,麻把装于储麻车 3 后,经铁轨推入锅内,放下楔形锅盖 2,并用锅盖紧闭凸轮和旋紧螺丝密闭。蒸汽加热器 4 使碱液温度上升维持和控制碱液的温度。通过普通液阀,可使碱液产生顺逆两种循环,顺循环的碱液流动方向如图 4-3 小箭头所示。锅内碱液的加入和循环依靠溶液循环泵 5 来进行。一般在锅内另设开口蒸汽管,使升温加速,以便煮练开始时直接喷射蒸汽。煮后洗涤采用逆循环。

由图 4-4 可知,使用前除排气阀门 12 外,其他均关闭。打开锅盖,用起重设备将麻架上的

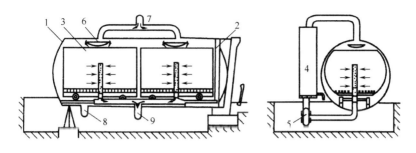

图 4－3　卧式压力锅

1—卧式压力锅　2—楔形锅盖　3—储麻车　4—多锅式蒸汽加热器　5—溶液循环泵　6—溶液淋洒器
7—由泵及加热器供给的液体　8—液体回泵(供逆循环及洗涤)　9—液体回泵(供顺循环)

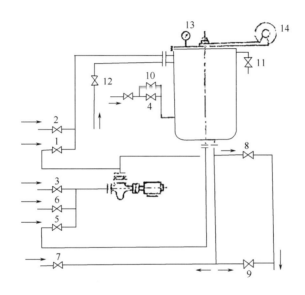

图 4－4　立式压力锅

1—循环入口阀门　2—清水阀门　3—碱液入口　4—蒸汽阀门　5—循环出口阀门　6—热水入口阀门
7—排废液阀门　8—泵回收阀门　9—液压回收阀门　10—止逆阀门　11—安全阀门
12—排气阀门　13—压力表　14—泵

原麻(400～500kg)装入锅内,关闭锅盖。开启碱液入口阀门 3 和循环入口阀门 1,启动循环泵,将已配好的碱液注入锅内,待液位高度达到水位指示器所规定的位置时,暂停循环泵,关闭碱液入口阀门 3 和排气阀门 12,开启蒸汽阀门 4,使蒸汽进入锅内,待蒸汽压力达到工艺规定的工作压力时,开启排气阀门 12,排出锅内空气后关闭。继续开启蒸汽阀 4 通入蒸汽,升压到工作压力后再行关闭。开启止逆阀门 10,用小量蒸气保持煮麻的温度以弥补其散热损失。打开循环出口阀门 5 与循环入口阀门 1,开启循环泵,使锅内溶液经泵而进行循环,经一定时间后关闭阀门 5、循环泵及止逆阀门 10,开启排废液阀门 7,最后再开启热水入口阀门 6,注入热水洗麻,完成煮练过程。

碱液煮练主要工艺参数和工艺条件如下:

1. 氢氧化钠的用量 氢氧化钠是碱液煮练中的主要化学药剂,其用量大小不仅影响脱胶质量,也影响化工原料的消耗与成本,用量过少,脱胶量不足,从而增加其他工序的处理强度及难度,可能损伤纤维的性质,降低脱胶麻纤维的质量,同时降低劳动生产率及机械生产率,增加成本。用量过多,浪费化工料,导致煮麻过头,造成烂麻,同样会降低脱胶麻纤维的质量,提高成本,降低经济效益。

所以,正确地选择氢氧化钠的用量非常重要,氢氧化钠用量的多少取决于煮锅中的碱液消耗量及煮锅中氢氧化钠浓度的变化规律,特别是煮练中、后期时煮锅中氢氧化钠的浓度,图4-5为苎麻脱胶时煮锅中碱液浓度变化曲线。

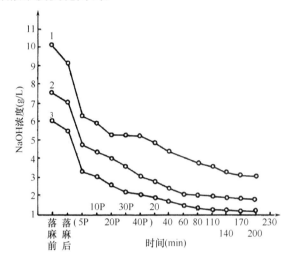

图4-5 苎麻煮锅中碱液浓度变化曲线

1—NaOH用量(对原麻重量)11%,耗碱量(对用碱量)60.2%,耗碱量(对原麻重量)6.62%

2—NaOH用量(对原麻重量)9%,耗碱量(对用碱量)77.4%,耗碱量(对原麻重量)7.00%

3—NaOH用量(对原麻重量)7%,耗碱量(对用碱量)84.5%,耗碱量(对原麻重量)5.92%

由图4-5可见,随煮练时间的增加,煮锅内碱液浓度逐步下降。在煮练之初的0.5h内碱液浓度下降很快,以后,碱液浓度下降的速度变慢,持续时间约1h,后期煮锅中氢氧化钠浓度的变化较为平稳,持续时间较长,一般都在3h以上。

这是因为在煮练之初的0.5h内,胶质中易碱解的成分迅速分解消耗了大量的氢氧化钠,另外,原麻本身吸收大量氢氧化钠。在此后1h内,胶质继续受到碱解。后期氢氧化钠浓度较低,对胶质的作用减弱,另外,所剩下的胶质多为不溶性果胶、木质素等难以脱除的成分,这个阶段的延续时间较长,以充分发挥残碱的作用,进一步提高精干麻的质量。关键的问题就是要保证在煮练末期煮锅内的氢氧化钠仍保持一定的浓度,浓度过高,浪费化工原材料,易煮练过头,造成烂麻,恶化精干麻质量。浓度过低,煮练不足,精干麻残胶过高,同样会降低精干麻的品质。

氢氧化钠的用量是指氢氧化钠对原麻的重量的百分比,氢氧化钠的用量与煮练后氢氧化钠消耗量的关系如表4-4所示。

表 4-4　氢氧化钠的用量与煮练后氢氧化钠消耗量的关系

氢氧化钠的用量(%)	<4	6.5	10	15
氢氧化钠消耗量(%)	约 100	95	77	50

由表 4-4 可知,为保证煮练后期煮液中仍含有一定的氢氧化钠浓度,一般控制苎麻脱胶的氢氧化钠用量为 6.5%～15%。使用中的用量可由公式求取:

$$煮练中氢氧化钠用量＝(0.40～0.45)×原麻含胶率$$

在选用氢氧化钠用量应考虑的因素:

(1)原麻的含杂、刮制和质量情况。如含杂多、刮制不良、原麻质量差,氢氧化钠用量可多些。

(2)脱胶工艺的预处理情况。预处理不足及处理质量较差,氢氧化钠用量可多些。

(3)碱液煮练过程中助剂的使用情况。煮液中加入各种助剂有助于减少碱液消耗,氢氧化钠用量可少些。

(4)煮练方法。压力煮练,氢氧化钠用量可少些,常压煮练,氢氧化钠用量可多些。

2. 煮练的温度　一般煮练温度越高,脱胶效果越好。大都采用压力煮练,温度均在 100℃以上。常用的煮练压力为 147～196kPa,温度为 128～134℃。过高的温度和压力是不必要的。

3. 煮练的时间　煮练时间是煮练过程的重要工艺参数之一,它直接关系到脱胶的质量和产量。煮练超过 1.5～2.0h,碱液浓度即趋于稳定,变化较小,但此时麻中的胶质属顽固性难溶的胶质(不溶性果胶、木质素等),因此,苎麻的煮练需延长 3h 以上才可满足脱胶质量要求。而亚麻等纤维仅需半脱胶,则不必如此长的时间,应视具体情况而定。若为常压煮练,则煮练时间可再适当延长些。

4. 煮练的助剂　为提高煮练效果,提高脱胶质量及均匀度,在碱液中均加一些无机、有机助剂或表面活性剂,如水玻璃、三聚磷酸钠、磷酸钠、焦磷酸钠、亚硫酸钠以及渗透剂 M、渗透剂 T 等,以加强氢氧化钠作用的效能,有的还有补充氢氧化钠消耗的作用。助剂的用量一般为 2%～3%。

5. 煮练的浴比　浴比的大小对脱胶的产量、质量影响很大。浴比大产量低,但脱胶麻的纤维质量较好,浴比小则相反。卧式压力煮练锅,由于碱液循环设备较为完善,因此浴比可较低,多为 1:(6～8)。立式压力煮练锅,由于碱液循环设备性能较差,因此浴比较大,多为 1:(10～12)。常压煮练锅,由于没有碱液循环设备,或虽有碱液循环设备,但性能欠完善,因此浴比均较大,多为 1:(15～20)。对同一类型煮练锅来说,在保证产量的条件下,选取较大浴比为好,对提高脱胶麻的质量有好处。

6. 煮练用水质　煮练过程中需要大量的水,水质的优劣对脱胶麻的质量、碱液的消耗以及煮练时间都有一定的影响。一般来说,化学脱胶对水质的要求是清澈透明、无色,内含有机物质和无机盐的量要少,水质宜软。

(二)浸酸和酸洗

由于浸酸和酸洗是用强无机酸处理麻纤维,这是一个激烈的水解过程,因此在工艺参数的选配上要格外慎重,以防损伤纤维素,恶化精干麻品质。

1. 浸酸　浸酸是预处理工艺的主要工序之一,目的是原麻在碱液煮练之前先行水解一部分胶质,以减轻煮练工艺负担,提高煮练效率。

原麻中绝大部分胶质都会受到酸的作用而水解(尤其是强无机酸),然而它们对酸的稳定性是不同的。果胶物质中除一部分具有可溶性外,还有一部分不溶性果胶,即果胶酸的钙、镁盐不溶于水中,但能被稀无机酸水解,破坏其网状结构,大分子逐步解聚,最后溶解。半纤维素是一种混杂的多糖类物质,其中一部分成分易被酸水解,有一部分对酸的作用较为稳定,但这部分成分易被氢氧化钠破坏。木质素对酸的作用表现出极大的稳定性,一般的无机酸很难破坏其结构。表4-5为苎麻原麻经硫酸预浸处理后的效果。

表4-5 苎麻原麻经硫酸预浸处理后的效果

项目	原麻成分含量(%)	浸酸后成分含量(%)	对原麻脱除率(%)
水溶物	6.99	5.00	28.47
果胶物质	3.41	2.50	26.69
半纤维素	11.53	9.81	14.92
处理条件	$[H_2SO_4]=1g/L$,温度55℃,时间2h,浴比1:10左右		

影响胶质水解速度的因素主要有以下几点:

(1)酸的种类。不同的酸在水溶液中表现出不同的电离程度,有不同的催化强度。酸性越强,其催化活性常数越大,但从脱胶工程的实际考虑,从经济上及来源的可靠性上看,工厂一般都用硫酸。

(2)水解物的种类。不同的水解物由于其组成和结构各不相同,因而对酸的稳定性也各不相同。

(3)酸的浓度。酸的浓度对胶质水解作用的影响很明显,水解速度一般与酸的浓度成正比。

(4)浸酸温度。胶质的水解反应速度随温度的升高而很快增加,因此提高温度是加快反应速度的常用方法,反应温度每增加10℃,其化学反应速度可增加1~3倍,浸酸温度对精干麻中胶质含量的影响,如表4-6所示。

表4-6 不同温度浸酸处理后对精干麻胶质含量的影响

项目	浸酸温度(℃)	
	80	55
果胶物质(%)	0.296	0.493
半纤维素(%)	1.570	1.707
木质素(%)	0.604	0.727

由表4-6可知,浸酸温度对精干麻中残胶含量的影响是很大的,但温度不可过高,以不超过60℃为宜,否则麻纤维素将水解,损伤麻纤维的力学性质。

由于浸酸工序处于煮练工艺之前,原麻中的胶质包围在纤维的外表,对纤维素有一定的保护作用,先受水解的物质不是纤维素而是胶质,所以选择浸酸处理的强度可高些。常用的浸酸工艺参数:$[H_2SO_4]=1.5\sim2.0g/L$,温度≤50℃,时间1~3h,浴比1:15左右。

经稀硫酸预浸后各种胶质的含量都大为降低,效果十分显著,经酸浸过的麻煮练以后颜色较浅,有利于后处理工艺的进行,所以,浸酸被工厂普遍采用。

2. 酸洗　酸洗是后处理工艺的主要工序之一,目的是中和残留于纤维上的碱剂,水解残胶,降低精干麻的残胶率,提高纤维的白度、柔软性及松散性。酸洗工序放在漂白工序之后有进一步漂白和去氯的作用,酸洗的作用效果如表4-7所示。

表 4-7　原麻煮练后的酸洗效果

项目	原麻成分含量(%)	煮练打纤后成分含量(%)	酸洗后成分含量(%)	作用效果(%)
果胶物质	3.41	0.75	0.17	77.33
半纤维素	11.53	2.17	1.43	34.10
木质素	2.63	1.29	1.26	2.33

由表4-7可知,酸洗对进一步降低精干麻残胶率的效果是比较明显的。

由于酸洗工序在煮练和打纤工序之后,原麻中的胶质大部分都已脱除,纤维大都裸露在外,与酸液直接接触,极易水解纤维素,因此在工艺参数的选配上应以弱强度为宜。常用的工艺参数:$[H_2SO_4]=1.0\sim1.5g/L$,温度常温,时间 $2\sim3min$,但不要超过 $5min$,浴比 $1:15$ 左右。

(三)漂白

漂白的目的是使纤维松散、柔软、洁白,改善纤维的表面状态,提高其吸附性能和润湿性能,进一步降低精干麻残胶率,漂白工序的作用效果如表4-8所示。

表 4-8　苎麻的漂白效果

项目	漂白前成分含量(%)	漂白后成分含量(%)	作用效果(%)
果胶物质	0.32	0.23	28.13
半纤维素	3.02	23.4	22.52
木质素	1.33	1.02	23.31

由表4-8可知,漂白对进一步降低精干麻残胶率的效果也是比较明显的。

常用的漂白剂大多为次氯酸盐,如次氯酸钠(NaOCl)、漂白粉[$Ca(OCl)_2$]等。商品次氯酸钠为无色或微黄色液体,其中还含有一定量的氯化钠(NaCl)、氢氧化钠(NaOH)和少量的次氯酸钠($NaClO_3$)。

次氯酸钠具有较强的氧化能力,是一个弱酸强碱盐,在水溶液中发生水解,溶液呈碱性,其水解过程为:

$$OCl^- + H_2O \Longrightarrow HOCl + OH^-$$

在不同介质(pH 值)条件下,次氯酸钠溶液的组成决定于以下两个反应过程:

(1)在碱性介质下,其反应过程为:

$$HOCl + OH^- \Longrightarrow H_2O + OCl^-$$

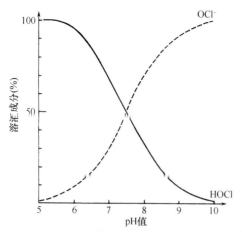

图 4-6　次氯酸盐溶液成分与介质 pH 值的关系

（2）在酸性介质下，其反应过程为：

$$OCl^- + H^+ \rightleftharpoons HOCl$$

可见，次氯酸钠溶液的组成随介质 pH 值的变化而变化，如图 4-6 所示。

由图 4-6 可知，因为在不同的介质下，次氯酸钠溶液的成分不同，所以漂白的机制也不同。在碱性介质中，漂白作用以 ClO⁻ 为主，在酸性介质中，漂白作用以 HOCl 和 Cl₂ 为主，而在弱酸、弱碱或中性介质条件下，漂白作用则以 OCl⁻ 和 HOCl 为主。

影响漂白的因素主要有：

1. 溶液的 pH 值　对同一漂白剂而言，溶液的 pH 值不同，其氧化剂的氧化速度和氧化产物各不相同，图 4-7 为次氯酸盐溶液在不同的 pH 值下对纤维素氧化速度的影响。

由图 4-7 可知，在强碱介质下，次氯酸盐对纤维素的氧化速度很慢，随着 pH 值的降低，氧化速度逐步加快，直到溶液的 pH＝7，氧化速度达到最大值。此后，随溶液 pH 值继续降低，即进入酸性介质的条件下，氧化速度又下降，即使在强酸性介质条件下，氧化速度变化也不太大。因此在麻纤维漂白工序中，若采用次氯酸盐做漂白剂时，应尽量避免和防止在 pH＝7 的介质条件下漂白纤维。

2. 漂白有效成分的浓度　纤维素的漂白程度随漂白剂有效浓度的增加而增加，因而对纤维素的损伤也逐步加大，图 4-8 为纤维素黏度与次氯酸盐有效氯浓度之间的关系。

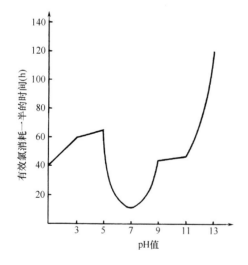

图 4-7　纤维素氧化速度与漂白液 pH 值的关系

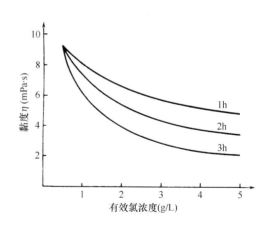

图 4-8　纤维素黏度与次氯酸盐有效氯浓度的关系

由图 4-8 可知，漂白过程中，漂白液中有效氯浓度不宜过高，否则对纤维损伤过大，纤维发脆，强度降低，使产品质量下降，常用的有效氯浓度以 0.5～1.5g/L 为好。

3. 处理时间 漂白液与纤维接触时间的长短直接影响到漂白剂对纤维素的作用强度,图4-9为漂白苎麻原麻时有效氯消耗时间曲线。

由图4-9可知,随着时间的增加,漂白液中有效氯的消耗量也随之增加,尤其在最初的1.5h内消耗最快。以后,由于漂白液中的有效氯的含量逐步减少,漂白液中废物的含量的增加,致使有效氯的消耗速度逐步减少,漂白效果也逐步下降,直到终结。

纤维素黏度与漂白时间的关系如图4-10所示。

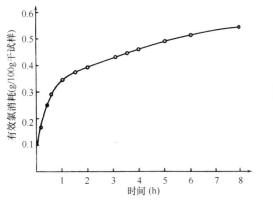

图4-9 漂白剂有效氯消耗时间曲线　　图4-10 纤维素黏度与漂白时间的关系

由图4-10可知,纤维素的黏度随漂白时间的增加而降低,尤其在最初的10min内纤维素的黏度下降最快,纤维受损伤的速度也快。以后,纤维素黏度下降的速度变缓,20min以后趋于稳定。因此,在采用漂白工序时,必须认真地选定漂白的工艺参数,一方面能满足漂白工艺的要求,另一方面又尽量避免损伤纤维素。在苎麻脱胶过程中,通常控制漂白工序的处理时间以不超过2.5min为宜。

4. 处理温度 纤维素黏度与漂白液温度的关系如图4-11所示。

由图4-11可知,过高的温度对纤维素的破坏作用是很大的,开始时,随着漂液温度的增加,纤维素的黏度迅速下降,当温度在10~20℃范围内时,纤维素黏度的变化较小,但当温度超过20℃时,纤维素的黏度急骤下降,对纤维素的损伤也大,因此,工厂中实际上所采用的漂白温度都是常温。

所以,漂白虽能改善纤维的某些力学性能及外观质量,但一旦工艺参数选择不当,对纤维素造成的损伤也比较严重。常用次氯酸盐的工艺参数为:有效氯浓度为0.5~1.5g/L,处理温度为常温,处理时间不超过2.5min,漂白液的pH值为9~11,温度高于20℃时(夏天),可提高pH值或适当降低有效浓度来控制漂白作用强度。温度低时(冬天),可适当降低pH值或适当提高漂液的温度。另外还要考

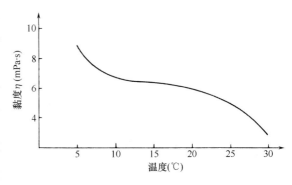

图4-11 纤维素黏度与漂白液温度的关系

虑煮练方法及煮练助剂的影响。

当使用次氯酸盐做漂白剂时,在漂白工序之后还必须配以去氯工序。去氯的目的是去除纤维上吸附的残留漂白剂,这是因为纤维在漂白后,在纤维的内外表面上还吸附有相当数量的次氯酸盐,这些次氯酸盐用一般的水洗方法是难以除尽的,致使纤维在以后的加工及储存过程中继续受到残留漂白剂的破坏,使纤维发黄、变脆,降低其使用性能和加工性能。去氯的方法有两种:

(1)还原剂去氯,常使用的还原剂有亚硫酸钠(Na_2SO_3)、硫代硫酸钠($Na_2S_2O_3$)及亚硫酸氢钠($NaHSO_3$),其反应过程为:

$$Na_2SO_3 + Cl_2 + H_2O \rightarrow Na_2SO_4 + 2HCl$$

$$OCl^- + 2HCl \rightarrow Cl^- + H_2O + Cl_2 \uparrow$$

或

$$2Na_2S_2O_3 + Cl_2 \longrightarrow 2NaCl + Na_2S_4O_6$$

$$NaHSO_3 + Cl_2 + H_2O \longrightarrow NaHSO_4 + 2HCl$$

如此反复进行,直到完全去除 OCl^- 及 Cl_2 时为止。

(2)直接用无机酸洗涤纤维,常用硫酸,其反应过程为:

$$NaOCl + NaCl + H_2SO_4 \longrightarrow Na_2SO_4 + H_2O + Cl_2 \uparrow$$

或者

$$2NaOCl + H_2SO_4 \longrightarrow Na_2SO_4 + 2HOCl$$

而

$$HOCl \longrightarrow HCl + [O] \ \text{或} \ 2HOCl \longrightarrow H_2O + Cl_2 \uparrow + [O]$$

可见漂白工序后加酸洗工序不仅有去氯作用,还有进一步漂白作用。

(四)精练

精练的目的是在原麻煮练的基础上对已脱过胶的麻在精练碱液中再施以焖煮处理,以进一步降低精干麻的残胶率,提高纤维的松散、柔软、洁白程度。因此,精练工序仅用于苎麻、大麻等纤维全脱胶的脱胶工艺中。表4-9为苎麻纤维精练前后胶质含量变化情况。

表4-9 苎麻纤维精练前后胶质含量变化情况

项目	精练前含量(%)	精练后含量(%)	作用效果(%)
果胶物质	1.13	0.29	74.34
半纤维素	3.92	1.28	67.35

由表4-9可知,精练工序对降低精干麻残胶率的效果十分明显,这种效果与后处理其他各工序相比较是很突出的。

常用精练碱液的配方和用量为:氢氧化钠2%,碳酸钠2%,肥皂、合成洗涤剂等2%。采用的工艺参数为:精练时间4h左右,温度100℃,浴比1:(15~20)。

精练工序所需时间长,能耗大,增加精干麻纤维的皂垢。

四、化学脱胶工程中的物理化学处理工艺

麻纤维化学脱胶工程中的物理化学处理工艺主要是给油工序。

(一)给油目的

脱胶工程中,麻纤维经过各种化学药剂处理后,其中的胶质绝大多数都已被脱除,但由于酸、碱、氧化剂作用的结果,麻纤维本身的结构与状态也受到了不同程度的破坏,力学性能恶化、表面状态粗糙。如果将这些未经给油工序处理的麻纤维直接放在烘燥机上烘干,由于水分蒸发,纤维又并拢成束,破坏了纤维的可纺性,致使在纺纱工程中纤维大量被拉断,落麻率增加,条干恶化,细纱断头率大大增加,使纺纱工程难以正常进行,因此,在化学脱胶工程中的烘干工序之前配有给油工序,给油工序的目的就是使脱胶麻纤维松散、柔软、改善纤维表面的状态及力学性能。

(二)给油实质

给油就是将所需的油脂(主要是精制植物油,少量是动物油,但不用矿物油)与适当的乳化剂和水制成油在水中型乳化液,再加水稀释放于给油槽中,而后将已脱水并经抖松机抖松的麻束浸于其中,完成给油过程。

纤维材料具有很大的比表面,和大多数固体物质一样,在水溶液和非水溶液中其表面获得电荷,并在周围形成一扩散双电层。同样,乳化液中油滴的表面上也形成一扩散双电层。

给油的实质就是这两个扩散双电层之间相互作用、相互平行的过程。因此,准确地控制油滴表面的 ξ 电位,即可造成油滴粒子与纤维表面相吸的条件。上油率 η 与油滴粒子表面 ξ 电位之间的关系如图 4-12 所示。

由图 4-12 可知,麻纤维的上油率 η 与油滴粒子表面 ξ 电位之间的关系极为密切,随着表面电位的提高,麻纤维的上油效率已相应提高,两者间呈线性关系。油滴粒子表面 ξ 电位不可过高,否则给油速度太快,易造成给油不匀,甚至产生油麻。

(三)给油工艺

1. 传统的给油工艺　给油槽内油浴的温度在 85℃ 以上,焖煮时间为 4h 以上,要求给油后精干麻的含油率为 $0.7\% \sim 1.5\%$。传统的油剂配方中都是以肥皂作乳化剂的,有如下几个主要缺点:

(1)纤维表面上黏附的皂垢太多,不利纺纱加工,细纱品质下降。

(2)上油效率低,不足 30%,其余的 70% 的油脂随废水排掉,既浪费了油类资源,也污染了环境。

(3)给油时间过长,不利于实现脱胶过程的连续化和自动化。

(4)给油温度过高,能源消耗大,也易损伤纤维。

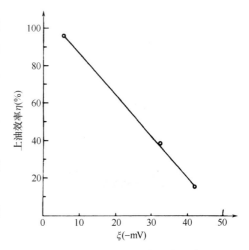

图 4-12　上油效率与油滴表面电位的关系

(5)油剂的稳定性差,易造成给油不匀。

2. BSK 系列麻用给油剂给油工艺　BSK 系列麻用给油剂以植物油为主,外加矿物油及多种助剂复合而成。该油剂的形成主要是通过控制油滴粒子表面扩散双电层和纤维表面扩散电层之间相吸的条件,充分发挥矿物油的平滑性及植物油的抱合性,使用该油剂可使纤维柔软、松散。BSK 系列麻用给油剂克服了传统油剂的各种缺点,具有快速、高效、低耗、节能的特点。使用的主要工艺参数为:

(1)油剂用量,为 2%～2.5%(内含纯油率 50%～66.7%)。

(2)给油温度,适当提高浴液温度可提高上油效率,但温度以不超过 50℃为好。为使用方便,改善劳动环境和节省能源,在常温下使用也可收到明显的效果。

(3)给油时间,在连续给油机上给油仅需 2min,即可满足工艺要求。

(4)浴液的 pH 值,以不超过 8 为好,否则纤维烘干后可能泛黄。

五、化学脱胶工程中的机械处理工艺

化学脱胶工程中的机械处理工艺主要包括预处理中的拆包、拣麻、扎把和后处理工序中打纤和干燥等工序。

(一)拆包、拣麻、扎把

这个工序是脱胶工程中的第一个工序。本工序的目的为:剔除麻把中的混等麻及各种杂质;将品质、性能相近的麻束归拢到一起并扎成小的松把,以利下一道工序处理;每一小把有一定的重量要求,重量多少视工艺要求和原麻长短而定,苎麻小把的重量为 500～600g,原麻长度长,重量可大些,反之重量可小些。

此外,为了提高苎麻纤维的细度,以满足中、高档产品对纤维质量的要求,可对原麻进行切根处理,即从原麻根部算起切除 15～20cm 的长度。切下的麻根另行处理,作为纺高特纱和特种用品的原料。

(二)打纤

打纤是后处理工序中最主要的工序之一。

1. 实质　利用机械的打击作用(伴以高压水的冲洗)去除纤维表面上吸附的糊状胶杂质,破坏脱胶麻的束状结构,制取出性能较好的麻纤维,打纤设备如图 4-13 所示。

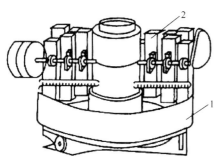

图 4-13　圆型打洗机

1—圆盘　2—木槌

由图 4-13 可知,打洗机中心轴带着圆盘 1 以 1.3r/min 左右的速度回转,圆盘的内径为 2150mm,圆盘直径的两端有两组木槌,六支木槌一组,排成两列,木槌下部包覆橡皮,上部有凸块,凸块随凸轮上翼片的转动而升降。圆盘上的麻束每转一转,受到两组木槌的敲打,一般麻束在圆盘上敲打 5～9 转,敲打转数越多,纤维越松散,梳成麻中硬条少,但纤维强力略差。在处理麻壳时需经二次煮练,二次敲打。

2. 打击强度　打纤作用的大小用打击强度表示,打纤强度的意义是指每 1kg 麻纤维所承受的总打击力的大小,单位 N/kg,用下式表示:

$$T = K \frac{X \times m}{W \times \Delta t}$$

式中:T——打击强度,N/kg;

　　K——机械系数,其值与机器的构造、转速有关;

　　W——每车麻的喂入量,kg;

　　Δt——木槌对麻纤维的冲击时间,s;

　　m——木槌质量,kg;

　　X——打纤圈数。

影响打击强度的因素有每车麻的喂入量、木槌对麻的冲击时间、木槌质量、机械系数(与机器的构造、机器的转数)及打纤圈数。纤维煮练质量欠佳或含糊状胶杂质较多,打纤圈数可多些,但也不可过多,否则,宜造成烂麻,恶化脱胶麻品质。对于以工艺纤维纺纱的亚麻来说尤其值得注意,打纤圈数过多,纤维束解体,平均长度减短,可纺性能下降。

苎麻纤维的打纤效果如表 4 - 10 所示。由表 4 - 10 可知,打纤对去除胶质的效果是相当明显的。

表 4 - 10　苎麻的打纤效果

项目	原麻成分含量(%)	煮练后成分含量(%)	打纤后成分含量(%)	作用效果(%)
果胶物质	1.9	0.61	0.33	45.90
半纤维素	9.02	2.89	2.58	10.73
木质素	1.83	1.63	1.24	23.93
脂蜡质	3.08	0.65	0.62	4.62
水溶物	8.25	0.87	0.82	5.75

(三)干燥

经过给油脱水后的麻纤维是湿的,无法进行纺纱加工,因此需对湿麻加以干燥处理。干燥有自然干燥和人工干燥两种方法,自然干燥又可分为阴干及日晒两种方法。阴干品质好,纤维松散、柔软,能耗少,但所需时间太长,产量低,占地大,因此很少采用。人工干燥又分为烘房和烘干机两种方法,一般都用烘干机进行人工干燥,其原理是在烘燥机上干热空气反复穿过湿麻层,使麻层中的水分不断蒸发,干热空气变湿而被排出机外,图 4 - 14 为烘燥机示意图。

由图 4 - 14 可知,烘燥机中烘房分主室和侧室两部分,用钢板隔开。主室内有输毛帘 3、加热器 4、隔风板 5、折风板 6,侧室内有风机 1、风道 2 和无级变速器等。烘房纵向可分六节(段),每节各有风机一只,后两节烘室的风机装在上方,前四节烘室的风机装在下部,后两节烘室有进风口 7 和出风口 8,前四节烘室有出风口 9。

如图 4 - 14(b)所示,当湿羊毛由输毛帘 3 带到后两节烘室时,热空气自下向上垂直穿过毛层,水分较快地汽化。新鲜干空气由进风口 7 补给,湿空气由出风口 8 排出机外。输毛帘带着

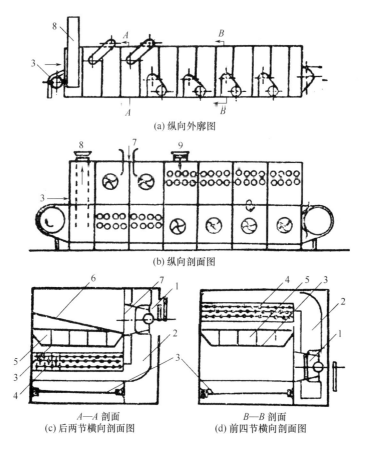

(a) 纵向外廓图

(b) 纵向剖面图

A—A 剖面
(c) 后两节横向剖面图

B—B 剖面
(d) 前四节横向剖面图

图 4-14 烘燥机示意图

1—风机　2—风道　3—输毛帘　4—加热器　5—隔风板　6—折风板　7—进风口　8,9—出风口

羊毛进入前四节烘室时,热空气自上而下垂直地穿过毛层,可防止将毛层表面已有些干的散毛吹乱,在这里,新鲜干空气由输毛帘出口处补进,湿空气由出风口 9 排出,烘干后的羊毛由输毛帘送出机外。热空气流上下交错(错流)穿过麻层,可使麻层干燥均匀。空气多次加热循环使用,可减少热量消耗。麻在机内的行进方向与热空气进出机的方向相反(逆流)。所以热空气在整个烘干机内的干燥作用,是由逆流和错流两种方式综合而成,干燥效率较高。提高烘燥机烘干效率的措施:

(1)尽量降低进入的干热空气的湿度,以提高排出的干热空气的含水量,缩短干燥时间。

(2)尽量提高干热空气的温度,加快烘燥速度,提高水分的蒸发速度和蒸发量。但空气的温度不可过高,以防损伤纤维。

(3)控制喂入麻层厚薄均匀度及松散度,以增加干热空气与湿纤维的接触面积,同时防止热流短路,提高烘干的均匀度。

(4)控制麻纤维的烘干回潮率,麻纤维的烘干回潮率过高不便储存,特别是对亚麻等半脱胶纤维,在储存过程中易产生发酵作用,使工艺纤维解体,破坏纤维的力学物理性能,麻纤维的烘干回潮率过低,浪费能源,也宜损伤纤维。一般麻纤维的烘干回潮率控制在 6% 左右。

六、精干麻的质量

原麻经过脱胶处理后得到的苎麻纤维称为精干麻,影响精干麻质量的因素除脱胶外,还涉及苎麻自身品质方面等原因,如品种、栽培的生态环境及技术、收获季节和剥制技术等。精干麻的质量包括内在品质和外观品质两个方面。

内在品质包括苎麻纤维的细度、强度、白度、回潮率、残胶率和含油率等指标。必须对每批精干麻进行测试,苎麻纤维的细度决定于原麻的品质。纤维强度的高低则与脱胶工艺中酸处理和氧化剂处理的工序关系较大,与打纤麻也有关。若纤维强度过低,应首先检查酸洗、漂白等工艺参数是否合理,操作是否准确,打纤是否过度。质量良好的苎麻纤维是洁白的,如精干麻白度不够,则与脱胶后处理工艺中各工序关系较大,可对此逐一检查,找出问题采取措施加以解决。精干麻的回潮率控制在于干燥工序,要注意烘干均匀,回潮率过高会造成精干麻储存时发生霉烂、变质。残胶率过高会影响到单纤维的分离程度,梳理后硬条多。含油率高低影响到纤维表面性能,应控制恰当。

外观品质包括精干麻长度、色泽、气味、手感和疵点。精干麻色泽要求一致,无异味,手感柔软、松散。造成纤维松散度及色泽差的主要原因发生在煮练和打纤工序,应当对这两道脱胶最重要的工序充分引起重视。

目前苎麻精干麻技术要求如表 4 - 11 所示。

表 4 - 11　精干麻技术要求

	项　目	普通品	优级品	特优品
内在品质	纤维线密度[dtex(N_m)]	≤7.69(≥1300)	≤6.25(≥1600)	≤5.56(≥1800)
	束纤维断裂强度(cN/dtex)	≥3.53	≥3.53	≥3.9
	白度(度)	≥50.0	≥55.0	≥60.0
	回潮率(%)	≤9.00	≤9.00	≤9.00
	残胶率(%)	≤4.00	≤3.00	≤2.00
	含油率(%)	0.80~2.00	0.80~2.00	0.80~2.00
外观品质	精干麻长度(mm)	≥700		
	色泽、气味、手感	色泽要求一致,无异味,手感柔软,松散		
	疵点	见标样		

生产中应当尽量杜绝疵点的产生,精干麻疵点的名称和含义如下:

(1)附壳。精干麻上附着的麻皮。

(2)斑麻。精干麻上呈褐色的风斑、病斑、虫斑等疵点的总称。

(3)油污。精干麻在脱胶过程中,黏附着的黑色或褐色油渍污垢。

(4)铁锈。精干麻在脱胶过程中,接触金属容器铁锈部分而呈的褐色锈迹。

(5)硬条。打纤未分散呈条状的精干麻。

第四节　麻纤维的生物脱胶

麻纤维生物脱胶的实质是利用生物酶将韧皮中的各种胶质分解为小分子化合物，使纤维胶质分离。麻纤维生物脱胶，无污染，生产的精干麻质量好，但手工操作多，劳动强度高，脱胶周期长，生产具有季节性。生物脱胶包括微生物脱胶和酶法脱胶两种。

一、微生物脱胶

微生物是肉眼看不见的微小生物的总称，包括细菌、霉菌、放线菌、酵母菌、某些藻类、原生动物及各种超显微镜微生物。微生物脱胶是在一定条件下，通过自然发酵使一些微生物以韧皮中胶质为营养逐步生长繁殖，促使麻茎组织内的胶质水解脱去。

(一)微生物的生理特性

1. 微生物的营养

(1)碳素营养。组成微生物细胞的各种有机物中，都含有碳元素。碳素化合物的分解产物作为碳素营养被微生物吸收，同时放出大量的热量也为微生物生命活动所必需，因此，碳素营养是微生物的主要营养之一，但是各种微生物对碳素营养的摄取能力是不同的，分为两种：

①无机营养型。这类微生物可借光能或化学能的作用将空气中的 CO_2 转化为本身体内有营养价值的有机物质，这种微生物的营养的属性是比较强的，如硫磺细菌、硝化细菌等。

②有机营养型。这类物质只能从现有的有机化合物中摄取碳素营养，并从分解这些有机物质的过程中获得本身生命活动所必需的能源。例如，果胶分解菌能从分解自然界中存在的果胶物质中获得所需的碳素营养和能源。

(2)氮素营养。氮素营养是构成微生物体内的蛋白质的主要来源。不同的微生物对氮素营养的吸收各不相同。有的直接吸收空气中的氮气，有的则只能从分解复杂的蛋白质物质中取得氮素营养。被微生物吸收的各种氮素营养均在体内转化为氮，然后再与有机酸结合而成氨基酸，再进一步缩合成蛋白质。培养腐生性微生物所需的氮素营养源一般都是牛肉膏、牛肉汁和蛋白胨。

(3)其他。如灰分、生长辅助素、微量元素和维生素等

2. 微生物的呼吸作用　微生物呼吸作用的实质是生物体内各种有机物质的氧化过程(或脱氢过程)。通过这种过程使复杂的有机物质被分解成较简单的化合物，同时放出热量供生物体内合成作用的需要，以维持其必要的生命活动。各种微生物对氧气的要求不同，所以按呼吸作用可把微生物分为：

(1)厌氧性微生物。在严格无氧存在的状态下，将复杂的有机化合物分解成较简单的有机物质。这个分解过程在微生物学中称为发酵。例如，单糖被发酵成酒精的过程，其反应过程为：

$$C_6H_{12}O_6 \longrightarrow 2C_2H_5OH + 2CO_2 + 117J$$

由于这一过程中放出的热量很少,所以厌氧性微生物欲保持其旺盛的生命活动就需消耗大量基质。厌氧性微生物对分子氧的存在很敏感。分子氧对这类微生物有极大的毒害作用,因此在培养和利用这种微生物时必须控制无氧气的环境状态,才能保证其旺盛生长、繁殖。

(2)好氧性微生物。好氧性微生物的呼吸作用只有在存在分子氧(O_2)环境中才能进行。在好氧性微生物的呼吸过程中,基质的氧化过程进行得很彻底,能量全部放出,其最终产物仅为水和二氧化碳。例如,单糖在好氧性微生物的作用下,其反应过程为:

$$C_6H_{12}O_6 + 6O_2 \longrightarrow 6CO_2 + 6H_2O + 2822J$$

(3)兼厌氧性微生物。既可在无分子氧存在的环境中进行,也可在有分子氧存在的环境中进行。在麻纤维的微生物脱胶中一般不利用兼氧性微生物,因其工艺条件较难控制。

(二)外界环境对微生物发育的影响

只有在最适宜的外界环境下,微生物的生命活动才能达到旺盛。

1. 温度 各种微生物对环境温度的要求是比较严格的,微生物生命活动适应的温度范围为 $0 \sim 89℃$,其中绝大多数微生物能在 $3 \sim 45℃$ 的温度条件下正常活动。

微生物对高温极其敏感,当微生物处于高温极限温度以上时,将很快致死,这是因为高温使微生物体内的蛋白质凝固,但低温对微生物的影响则较小,低温冷藏不能杀死微生物,只能使微生物的生命活动暂时停顿。

2. 水分 微生物体内含有大量水分,其生命活动与水分有着密切的联系。干燥可使微生物停止发育,甚至失去活力。各种微生物对于干燥的忍耐力是不同的。

浓缩的溶液(如各种盐溶液)可在周围造成生理干燥,在这种情况下,虽有水分存在,但溶液中含盐浓度大,水分不仅不能进入细胞体内,还会使细胞体内的水分渗出,致使原生物收缩,抑制微生物的生命活动。

3. 其他物理因素的影响 如压力、机械振荡、光电及辐射等因素都会影响到微生物的生命活动。

4. 各种化学因素的影响 如酸类、碱类、重金属盐类、氧化剂等对微生物都有一定的毒害作用。但在不同的条件下,各种化学物质对不同微生物的毒害作用是不同的。影响因素有物质的化学结构及化学性质、溶液的成分和浓度、与微生物接触的时间、各种微生物自身的特点、溶液的成分和浓度、培养基的物理性质和化学成分及环境温度等。

5. 环境的 pH 值 各种微生物均有最适宜的 pH 值范围,也有其发育的极限 pH 值。大多数细菌适于在中性或微碱性条件下生活,而大多数酵母菌和霉菌喜欢酸性或微酸性的生活环境。

6. 微生物因素对微生物发育的影响 它反映着微生物种群间的寄生、公生、互生和拮抗作用。

7. 微生物的死亡 微生物的个体极小,它与外界环境的接触面积相对来说就很大,因此,微生物的生命活动受外界环境的影响非常大。导致微生物死亡的原因有营养物质的耗尽、代谢产物的积累、周围物理、化学环境的恶化。因此欲提高麻纤维微生物脱胶的效能和质量,就必须给这些有益的微生物创造良好的生活条件,延缓其衰老过程,防止其死亡。同时,通过控制微生物生活环境条件的方法抑制有害微生物的生长、繁殖。这些措施均可使有益微生物得以旺盛的生长、繁殖,保持最佳的生理活性。

(三)微生物脱胶的基本原理

1. 微生物脱胶的基本原理 利用某些微生物以原麻中胶质为其碳素营养来源的特性,将果胶物质、半纤维素以及木质素等物质分解转化为简单的低分子物质,从中得到本身生命活动所需的营养物质和热量,从而完成麻纤维的脱胶过程。

因此,对脱胶用的微生物来说,要求它的碳素营养来源的专性要特别强,即要求脱胶用微生物只能从分解果胶物质、半纤维素和木质素物质中作为本身唯一的碳素营养来源,否则,可能破坏纤维素的结构而使麻纤维的品质恶化。

2. 微生物在不含氮有机化合物分解中的作用

(1)果胶物质的分解。在厌氧性条件下,果胶物质可被果胶分解为半乳胶醛酸、半乳糖、阿拉伯糖、乙酸、甲醇等物质,其分解过程为:

①果胶物质先被分解为可溶性果胶。

②可溶性果胶进一步分解为甲醇和果胶酸。

③果胶酸进一步分解己糖、戊糖、糖醛酸、少量有机酸和醇。

④己糖和戊糖沿丁酸发酵过程被分解为二氧化碳和水,其反应过程为:

$$C_6H_{12}O_6 \rightarrow CH_3CH_2CH_2COOH + 2CO_2 + 2H_2 + 热$$

$$C_5H_{10}O_5 \rightarrow CH_3CH_2CH_2COOH + CO_2 + H_2O + 热$$

在好氧性条件下,糖类物质全部分解为二氧化碳和水,其反应过程为:

$$C_6H_{12}O_6 + 6O_2 \rightarrow 6CO_2 + 6H_2O + 热$$

$$C_5H_{10}O_5 + 5O_2 \rightarrow 5CO_2 + 5H_2O + 热$$

(2)半纤维素的分解。在厌氧性条件下的反应,半纤维素沿丁酸发酵过程进行分解,其反应过程为:

$$C_6H_{12}O_6 \rightarrow CH_3CH_2CH_2COOH + 2CO_2 + 2H_2 + 热$$

$$C_5H_{10}O_5 \rightarrow CH_3CH_2CH_2COOH + CO_2 + H_2O + 热$$

在好氧性条件下,最终被分解为二氧化碳和水,其反应过程为:

$$C_6H_{12}O_6 + 6O_2 \rightarrow 6CO_2 + 6H_2O + 热$$

$$C_5H_{10}O_5 + 5O_2 \rightarrow 5CO_2 + 5H_2O + 热$$

(3)木质素的分解。在好氧性条件下木质素分解较快,如放置于空气中的木材很易被破坏成朽木。在厌氧性条件下木质素分解则较缓慢,如浸于水中的木材不易被破坏。

3. 厌氧性微生物脱胶过程的基本规律 厌氧性微生物脱胶方法经常用于黄麻、洋麻及亚麻的脱胶中。天然脱胶中所用的菌种都是自然界中存在的,不需另外单独培养。原麻浸于水中以后,在果胶分解菌等的作用下脱胶,这个脱胶过程大致可分为以下几个阶段:

(1)物理变化期。当麻浸入水中,韧皮组织因吸收水分而变得柔软和膨胀,同时原麻组织中的一些营养物质溶解于水中,使水有无色变为淡黄色。在此阶段,微生物还没有发生作用,但为其生长、繁殖创造了良好的营养条件和生活条件,并使果胶分解菌的菌体进入到膨胀了的韧皮组织之中。

(2)生物变化期。微生物利用易溶于水中的营养物质,在适当的温度下,开始发育、生长并大量繁殖。此时期又分为两个阶段:

①前生物期。在此阶段中,因水中溶有大量的氧气,因而好氧性微生物大量生长、繁殖。以后随着水中的氧气不断被消耗,排出大量的二氧化碳气体,使好氧性微生物的生活条件逐步恶化,因此,好氧性微生物不断向上移动,最后集中在水面上形成菌膜。好氧性微生物的菌膜浮于液面之上,阻止了空气中的氧气向水中溶解,为厌氧性微生物的发育、生长创造了良好的条件。前生物期不是微生物脱胶的主要阶段。

②主生物期。是厌氧性微生物大量生长、繁殖的阶段,麻的厌氧性微生物脱胶主要是在这一阶段完成的。由于脱胶过程是在水中沿丁酸发酵过程进行的,因此,在浸麻的池塘内有酸味及气泡发生,脱胶适度时要及时取出,以防杂菌污染和繁殖,破坏麻纤维的力学性能。

(3)机械操作期。将脱胶适度的麻及时取出,在清水中反复漂洗,去除麻束中的分解产物和皮壳等杂质,然后晒干,得到脱胶成品。

4. 好氧性微生物脱胶过程的基本规律　好氧性微生物脱胶过程基本上都是工业化的微生物脱胶方法,如一些亚麻原料加工厂采用的脱胶的方法。这种微生物脱胶方法的优点是工作环境较好,污染少,脱胶的工艺条件可受到严格的控制,生产不受气候、季节的限制,能较有效地保证脱胶麻质量。此外,在农村亚麻产地采用的雨露浸渍法脱胶也是好氧微生物的脱胶方法。

好氧性微生物脱胶过程的基本规律与厌氧性微生物脱胶过程的基本规律相似,脱胶过程同样分为物理变化期、生物变化期和机械操作期三个阶段,不同点是在生物变化期中只有一个好氧性微生物的生长、繁殖阶段,其分解产物仅为二氧化碳和水。

(四)微生物脱胶的影响因素

苎麻微生物脱胶工艺流程为:

菌种制备→原麻拆包、拣麻、扎把→水洗→装笼→接种→生物脱胶→水洗→脱水→抖松→给油→脱水→抖松→烘干。

影响微生物脱胶的因素主要有:

(1)温度。温度影响微生物的生长,不同微生物要求生长的最适温度不同。温度在微生物生长适宜范围内,微生物生长快,脱胶效果好,低于微生物的最适温度,微生物生长缓慢,脱胶速度慢,温度过高,高于微生物的最适温度,微生物的生长缓慢乃至死亡。

(2)pH 值。微生物的生长需要适当的 pH 范围,不同的微生物要求的最适 pH 范围不同,在微生物分解胶质的过程中能产生有机酸,从而提高浸渍液的酸度(pH 降低),影响脱胶菌的生长。

(3)水流速度。用天然水池浸渍脱胶,水速不宜过大或过小,水速过大会带走大量的脱胶菌及养分,使脱胶速度降低;水速过低,则养分更新缓慢及微生物活动产生的酸性产物局部增多,也会导致脱胶速度缓慢。

（4）通气。脱胶用菌如果是耗氧菌，可通过水流等方式换气，如果是厌氧菌，就要注意隔绝氧，可将麻浸入菌液内，在液面用无毒油覆盖等方法隔绝空气。

（5）生物降解时间。生物降解时间要适当，脱胶时间过长，产率低，时间过短导致脱胶不完全，生物降解时间由微生物生长状态等条件确定，一般脱胶菌接种到生苎麻上 6～12h 后就可进行沤麻。通过观测可检验脱胶是否完成，如麻把软化程度，在水中摆洗纤维分散情况，浸泡脱胶时废液变色情况。

二、酶法脱胶

酶是一种具有特殊性能的蛋白质，又称生物催化剂，具有较多的选择性。酶法脱胶是在麻脱胶过程中像添加其他化学药剂那样加入适当的酶制剂，来提高脱胶速度和质量，简称酶脱胶。酶法脱胶可以减少工序、缩短时间、改善环境卫生、节约能源、提高质量和降低成本。

（一）酶的特性

酶是由无毒微生物发酵、提取、精制而成的生物催化剂，无任何毒副作用，在工艺上使用方便，不需高温、高压、强酸、强碱、强氧化剂，易生物降解而不会带来环境污染。酶具有专一性，催化效率高，但不耐高温。

（二）酶法脱胶的基本原理

酶法脱胶的基本原理就是利用特定的微生物酶分解半纤维素、果胶、木质素等胶质，使其成为具有纺织性能纤维。

（三）酶法脱胶的特点

酶法脱胶具有以下特点：酶作用条件温和，不需要高温加压，因而设备投资少；不需要强酸强碱条件，工业生产污染轻；废水易处理，无空气污染；对纤维损伤小，脱胶后麻纤维手感柔软，色泽洁白有光泽；酶不耐高温，酶源均来自好氧性微生物，除原料必须灭菌外，生产环境也需无菌条件，加之酶的提取等使得酶制剂的生产成本过高，效果也不稳定。

（四）酶法脱胶的影响因素

以亚麻为例，酶法脱胶的工艺过程为：

热水预浸→酶解→水洗→漂白→水洗→精练→水洗→烘干→碎茎打麻，得到打成麻。

其工艺参数为：适宜加酶时间为沤麻开始后 8h，与温水浸渍沤麻工艺相比，酶法沤麻可缩短沤麻时间 1/4～2/3，提高出麻率 3%～4%。影响酶法脱胶的主要因素有：

1. 前处理 由于胶质结合紧密，酶要扩散进胶质内部较难，通过前处理膨化松懈胶质，有利于酶向胶质内部的扩散提高酶脱胶效率。前处理可用物理、机械、化学的方法。如果在酶脱胶过程中并用其他方法或者助剂，能有效地提高酶处理效果，也可以不用前处理。

2. 酶的种类 胶质主要成分有果胶、半纤维素、木质素等，分解这些胶质的酶类有果胶酶类、半纤维素酶类和木质素酶类。由于酶的专一性和麻胶质组成的特点，要完全脱去麻的胶质，在酶处理液中就应该含有分解这些胶质的所有酶类，复合酶处理效果要好于单一酶处理效果。

3. 酶浓度　酶浓度高,胶质的水解多,残胶量低。但酶浓度高,生产成本也高,从控制成本和精干麻质量方面考虑,选择合适的酶浓度是必要的。

4. 酶脱胶温度　生物酶类都有本身的最佳活性温度范围,在此范围内酶的活性强,高于或者低于该最适温度范围,酶活性降低直至没有活性,表4-12为酶液脱胶温度对苎麻残胶率的影响。

表4-12　酶液脱胶温度对苎麻残胶率的影响

温度(℃)	残胶率(%)	束纤维断裂强度(cN/dtex)	脱胶制成率(%)	手感
40	3.82	4.43	65.85	差
45	2.15	4.29	64.98	一般
50	1.96	4.23	64.68	较好
55	2.08	4.21	64.88	一般
60	2.11	4.17	65.11	差

5. 酶脱胶时间　脱胶时间过长,精干麻产量低,时间过短,酶的作用尚未充分发挥,脱胶时间一般在几个小时之内,表4-13为酶脱胶浸泡时间对苎麻残胶率的影响。

表4-13　酶脱胶浸泡时间对苎麻残胶率的影响

时间(h)	残胶率(%)	束纤维断裂强度(gf/旦)	脱胶制成率(%)	手感
4	3.62	4.94	65.12	差
5	2.23	4.75	65.08	较差
6	1.96	4.68	64.68	好
7	1.92	4.52	64.55	好
8	1.88	4.37	64.50	好

6. 酶脱胶液的pH值　酶在最适pH值范围内活性高,高于或低于最适pH值范围,酶的活性降低,处理效果变差。

7. 酶脱胶过程的搅拌(振荡)　随着酶处理过程的进行,一些降解了的胶质黏附在麻的表面形成屏障,影响酶进一步的扩散吸附作用。脱胶过程的充分振荡,可使脱胶液流动,将有助于已降解胶质的脱离,有利于胶质的膨化,从而有利于酶向胶质内部的扩散、吸附并产生作用。

8. 精练　在酶脱胶中,常以在常压、低浓度碱中进行的精练作为生物脱胶的补充,保证残胶率达到要求。

习题

1. 解释下列概念。

原麻、刮青、精干麻、原茎、干茎、打成麻、熟麻、工艺纤维、纤维素的伴生物、半纤维素、果胶、木质素、碱液煮练、浸酸、酸洗、漂白、精练、给油、打纤、全脱胶、半脱胶、冷水浸渍法、温水浸渍

法、汽蒸浸渍法、残胶率、沤麻、生物脱胶、微生物脱胶、酶法脱胶、厌氧性微生物、好氧性微生物、兼厌氧性微生物

2. 简述主要麻纤维的分类。

3. 亚麻主要有哪几种类？比较不同亚麻脱胶的方法的特点。

4. 简述各种麻纤维的麻茎构造及纤维特点。

5. 简述麻茎从表皮到中心的组织排列顺序。

6. 为什么苎麻可用单纤维纺纱，而亚麻、黄麻等却需要工艺纤维纺纱？

7. 简述各种麻的初步加工工艺过程及特点。

8. 简述半纤维素与纤维素的区别。

9. 如何测定木质素的含量？至少举两例。

10. 简述木质素的性质。

11. 简述麻纤维伴生物及其性质。

12. 简述苎麻脱胶为什么以碱处理为核心。

13. 简述纤维素及伴生物在化学药剂中的稳定性。

14. 说明麻纤维化学脱胶的原理。

15. 简述麻纤维化学脱胶从大的方面包括哪几个工艺过程。其各有什么目的。

16. 比较一煮法工艺和二煮法工艺。

17. 写出二煮一漂法脱胶工艺的流程。

18. 比较二煮法脱胶工艺、二煮一练法脱胶工艺、二煮一漂法脱胶工艺及二煮一漂一练法脱胶工艺的特点。

19. 麻纤维化学脱胶中的化学处理工艺有哪些？简述各工艺的作用。

20. 麻纤维脱胶碱液煮练中控制的主要工艺参数有哪些？

21. 苎麻煮锅中碱液浓度变化规律及其原因。

22. 简单比较浸酸和酸洗。

23. 简述漂白的机理及影响漂白的因素。

24. 简述给油的目的及实质。

25. 简述烘燥机提高干燥效率的措施。

26. 精干麻的质量包括哪些？

27. 麻纤维微生物脱胶的基本原理是什么？

28. 说明厌氧性微生物脱胶过程的基本规律。

29. 简述果胶物质在厌氧性条件下的反应步骤。

第五章 绢纺原料初加工化学

本章知识点

1. 蚕的分类及产地,蚕丝的形成,蚕茧的外观性状与茧质。
2. 绢纺原料的来源及其初步加工。
3. 蚕丝的丝素、丝胶及杂质的结构与性质,丝胶的水溶性,丝胶的变性。
4. 绢纺原料化学精练的目的、要求、基本原理,绢纺原料化学精练工艺过程及工艺参数。
5. 绢纺原料的生物精练的基本原理及工艺参数。

第一节 蚕丝的形成

我国是蚕丝的发源地,远在汉、唐时代,我国的丝绸就畅销于中亚和欧洲各国,在世界上享有盛名。蚕丝是高级的纺织原料,具有较好的强伸度,纤维细而柔软、平滑,富有弹性,光泽好,吸湿性好。采用不同的组织结构,丝织物可以轻薄似纱,也可以厚实丰满。

一、蚕的分类及产地

(一)分类

蚕是一种具有分泌丝质物和吐丝结茧本能的昆虫。可按所饲养环境、所食饲料、饲养季节和一年孵化次数进行分类。

按所饲养的环境有家蚕和野蚕,家蚕饲养在室内,饲料为桑叶,目前广泛选用的蚕种都由不同品种交配而成,野蚕有柞蚕、蓖麻(木薯)蚕、樟蚕、天蚕及柳蚕等数种,野蚕中除蓖麻蚕饲养在室内外,其余的都生长在所食饲料的树上。按所食饲料有桑蚕和柞蚕等,食桑叶的为桑蚕,食柞叶的为柞蚕,食蓖麻叶的为蓖麻蚕等。按一年孵化次数有一化性蚕、二化性蚕及一年孵化八次的多化性蚕等。

(二)产地

我国气候适于养蚕,蚕的饲养地区遍及全国。桑蚕的主要饲养地区为浙江、江苏、四川、广东及新疆等省。柞蚕的主要饲养地区为辽宁、吉林、黑龙江、山东、河南等省。蓖麻(木薯)蚕主要饲养地区为广东、广西、四川、山东等省。

二、蚕的生长

桑蚕是一种属于完全变态的鳞翅目蚕蛾科昆虫,在它的一生中,要经过卵、幼虫、蛹和成虫四个阶段,图5-1为家蚕的四个发育阶段。

图5-1 家蚕的四个发育阶段

家蚕以卵越冬,从蚕卵孵化后发育成长的幼虫,称为蚕。它的成长发育一般经过四次脱皮,即五个龄期。刚从卵内孵化出来的小蚕称为蚁蚕。蚁蚕开始食桑,蚕体逐渐发育成长,大约三天以后停止食桑,身体固定在蚕座上,叫做眠。眠蚕约经过一昼夜,即脱去旧皮,换上新皮,又开始食桑,继续发育成长,经过3～5天,再就眠脱皮。这样循环往复几次,以至老熟结茧。为了区分蚕的成长时期,从蚁蚕开始到第一次眠称为一龄,相应地到第二次眠称为二龄。一般的品种是四眠蚕,有五个龄期。五龄蚕食桑6～8天后停止食桑,皮肤透明,这个时期的蚕称为熟蚕,此时蚕便开始吐丝结茧。熟蚕结茧完成后,在茧内蜕皮化蛹。以后再化成蛾钻出茧壳。雌雄交配后产出蚕卵,从而重复其演变过程。从蚕卵孵化出蚁蚕到熟蚕结茧的时间称为蚕期。蚕期因品种和饲养季节及饲养条件的不同而有长短,一般春期为26天,夏秋期为20天左右。

三、蚕丝的形成

当蚕老熟时,其体内的绢丝腺也已经发育成熟。此时若将蚕体解剖,可见一个对称的半透明的管状器官,即绢丝腺。绢丝腺在消食管下面,后端闭塞,弯曲极多,前端在头部内,两管合并成一根吐丝管,其先端为吐丝口,如图5-2所示。

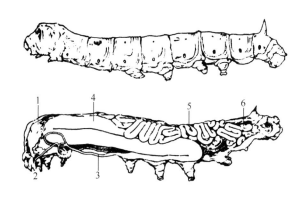

图5-2 桑蚕的熟蚕剖视图
1—食道 2—吐丝口 3—前部丝腺 4—中部丝腺 5—后部丝腺 6—直肠

整个腺体可分为吐丝部、前部丝腺、中部丝腺和后部丝腺等四部分,如图5-3所示。

蚕吐丝时,依靠其体壁肌肉的收缩和吐丝部的压缩作用,使绢丝腺中的绢丝液由后部丝腺向前推进,经过中部丝腺时,茧丝的主要化学成分丝素被中部丝腺分泌的另一种化学成分丝胶所包围。到达前部丝腺时,丝素在内,丝胶在外,丝胶是微细的球状蛋白质,以不规则的状态凝固在丝素外,丝素和丝胶密合成为一根柱状的绢丝液,再前进到吐丝部,左右两根柱状绢丝液在会合部汇合,经吐丝部的榨丝区、吐丝区排出体外,在空气中凝固硬化成一根茧丝。在吐丝过程中,液态物质经过丝腺本身的收缩作用而脱水,液体浓度提高,且丝素分子沿流动方向逐渐变为有规则排列。当丝素通过吐丝部时,又受剪切应力作用,丝素分子链伸展,且部分结晶化,这时只要受机械的牵引作用,即可纤维化而形成茧丝。蚕在吐丝时,头部左右摆动,即产生牵引作用,有助于茧丝的纤维化而成为蚕丝。

图 5-3　桑蚕绢丝腺

1—吐丝口　2—吐丝部　3—会合部
4—黏液腺　5—前部丝腺
6—中部丝腺　7—后部丝腺

蚕丝纤维是蚕吐丝而得到的天然蛋白质纤维。由蚁蚕到熟蚕,蚕体内绢丝腺中已充满丝腺细胞的分泌物,即液状丝质物(桑蚕湿重达 1.5g)。一条桑蚕在一生中食新鲜桑叶约达 15～20g,而吐的丝约为 0.5g,相当于摄取桑叶蛋白质的 60%～70%,因此绢丝腺是一种高效率的蛋白质合成器。熟蚕可以上蔟吐丝结茧。80%的蚕丝蛋白质是在五龄期食桑后由生化作用合成的,另外 20%的蚕丝蛋白质是蚕一边结茧一边从蚕体蛋白质中摄取的。表 5-1 为绢丝腺中丝胶与丝素的生长情况。

表 5-1　绢丝腺中丝胶与丝素的生长情况

测定日期	五龄第二日	五龄第三日	五龄第四日	五龄第五日	五龄第六日	五龄第七日
丝胶含量(%)	90.20	87.15	68.33	51.80	38.79	30.52
丝素含量(%)	9.80	12.85	31.67	48.20	61.21	69.48

五龄 1～3 日食桑以生成丝胶为主,五龄 4 日食桑生成丝素最初 100m 茧丝,五龄 5～6 日食桑生成丝素 200～400m 茧丝,五龄 7 日食桑生成丝素 500～700m 茧丝,五龄 8 日食桑生成丝素 700～1000m 茧丝。

四、蚕茧的组成和形成

以桑茧为例说明蚕茧的组成和形成。桑蚕茧由茧衣、茧层、蛹体及蜕皮等组成(蓖麻茧与桑蚕茧相似,柞蚕茧除比桑蚕茧多一个茧柄外,其余也一样)。

蚕茧的厚薄影响制成率的多少,茧层越厚,制成率越高。表 5-2 为各种茧的茧层率情况。

表 5-2　蚕茧茧层率

茧类		全茧重(g)	茧层重(g)	茧层率(%)
桑蚕茧	春茧	0.91～0.96	0.47～0.50	51.65～52.08
	夏秋茧	0.58～0.61	0.28～0.29	47.52～48.28
柞蚕茧		1.28～1.54	0.60～0.70	45.34～46.88
蓖麻茧			20～30	

由表 5-2 可知,茧类不同,茧层率不同。即使同类蚕茧也会因品种、季节和饲养条件的不同,其茧层率也不同。

熟蚕上蔟后寻找合适的场所开始吐丝、结茧。蚕首先吐出一滴液状丝质黏附在蔟器上,再左右摆动头部,不断引出液状丝质物,经牵引脱水凝固后成为茧丝,然后用少量茧丝缠绕和固定蔟器,这种凌乱而起着支架作用的丝缕称为丝网。蚕排出粪尿后,继续吐出丝缕,加固茧网,直至形成茧的轮廓,这种含胶量多,细、疏松而凌乱的丝缕,称为茧衣,它不能缫丝,但可作绢纺原料。蚕在茧衣内继续吐丝结茧,形成茧层,茧层结构紧密,茧丝排列重叠规则,粗细均匀,形成十多层重叠密集的薄丝层,是组成蚕茧的重要部分,用来缫丝。当吐丝即将终了时,茧丝排列十分紊乱,茧层之间形成明显的分层,成为薄的软垫子,称为蛹衣,以保护蛹体不致损伤,蛹衣的丝缕细而紊乱,含胶量少,强力差,是制作汰头的原料。

五、蚕茧中丝的排列形式

它与蚕品种、上蔟时的温湿度、茧层的部位及层次等有关。有"8"字形和"S"字形两种,"8"字形的交叉点多,胶着点重,精练困难,在后加工中,易产生绵结,落绵增多,制成率下降。不同种类蚕茧的排列方式不同,桑蚕茧是目前普遍选用的杂交种,桑蚕茧外层多为"S"字形,中间有"S"字形和"8"字形,渐向内层"8"字形的比例增多,在适当温度下结茧,吐出的丝缕排列有规律,在高温、低温、多湿环境下上蔟,吐出的丝缕"8"字形多。柞蚕丝圈的排列形式,外层极少有"S"字形,大部分为"8"字形,渐向内层,吐丝结茧的规律同于桑蚕丝,虽交叉重叠多于桑蚕丝,但含胶量仅为桑蚕丝的50%,所以丝胶的胶着程度较轻。蓖麻蚕丝圈的排列形式,外层规律性不强,含胶少,茧层与茧衣间无明显界线,渐向内层,丝圈紧密,分层明显,各茧片间松紧差异大,精练后,茧片离解不开,形成绵结,增加落绵,降低梳成率(梳成率俗称梳折)。

六、蚕茧的外观性状与茧质

茧的外观性状是指茧的形状、大小、颜色、光泽,茧层的缩皱、厚薄、松紧、通气性及通水性等,它们均可凭肉眼观察和触感加以初步鉴别,茧的外观性状与制丝工艺关系密切。

由于蚕是生物体,即使是同一品种的蚕,在相同条件下饲养、上蔟,结出的茧粒间,其外观性状以及工艺性能均存在一定的差异,它的数值是一个随机变量,并服从一定的分布,因此,对一批原料茧的各种性能指标,一般通过抽样试验,用平均值、均方差等统计量来表示。

(一)茧的形状和大小

茧的形状是区别蚕品种的主要标志之一,因蚕品种不同,茧形一般也有差异。从茧的外观看,有圆形、椭圆形、束腰形和纺锤形等,圆形茧和椭圆形茧,茧层结构均匀,精练容易,出丝量高。束腰形茧,由于束腰部分的茧层较厚,且丝缕胶着较重,通水困难,因此煮茧时不易煮熟均匀,缫丝中茧丝容易切断,束腰程度浅的影响不大,接近圆形茧和椭圆形茧。茧形越大纤维越粗,通水性越好,因为纤维粗,茧层孔隙大,水易通过,纤维细则相反。

中国种多为圆形、椭圆形和尖头形;日本种多为深束腰形;欧洲种多为浅束腰形;交杂种的茧形,一般介于两者中间。桑蚕茧的茧形,多为球形和椭圆形,柞蚕茧近于椭圆形。

茧的大小是以一粒茧的纵幅和横幅来表示的,可用茧幅尺来测量,单位用 mm 表示。我国现行品种的春茧,一般纵幅为 28～37mm,横幅为 15～23mm,夏秋茧一般纵幅为 25～35mm,横幅为 15～20mm。通常工厂中所测量的茧幅指茧的横幅。茧的大小也可以用一定面积或容积内的茧粒数来表示。

一般茧的大小,不仅与蚕品种有关,而且其他条件如催青温度、饲育环境等,特别是五龄期内食桑的好坏与多少,都会使茧型有很大的差异。同一品种的蚕茧,一般催青温度高,饲育环境好,食桑量多,营养好的,则茧型大,茧丝粗,丝量多。茧型大的,一般有茧丝长度长、纤度粗、开差(指一根茧丝最粗 100 回与最细 100 回纤度的差距)大的倾向,茧型小的则相反。在一批茧子中,由于茧型不整齐,不仅影响到蚕茧的均匀煮熟,而且因茧丝粗细不同,缫丝时难以掌握定粒数与搭配比例。因此,工艺上要求茧的形状和大小均匀一致。

(二)茧的颜色和光泽

茧的颜色有黄色、白色、淡绿色和淡红色等几种。我国饲育的交杂种,均为白色茧,有时也有带深浅不同的乳黄色或微绿色。桑蚕茧的颜色主要是白色。如发现茧色较暗,光泽欠佳,主要是枯草杆菌分泌的酪氨酸酶与丝胶中的酪氨酸起氧化作用的结果。茧色暗灰,一般是由蚕上蔟、蚕茧运输和储藏不当造成的。这类有色茧精练困难,丝质较差。柞蚕茧的颜色主要是黄褐色、深黄褐色、淡黄色、灰褐色和红褐色等。柞蚕绢丝腺几乎无色或微淡黄色,因此柞蚕茧刚结成时,接近于白色,但多数很快变色,极少保持原来颜色。春茧多为淡黄褐色,秋茧多为黄褐色。色素大多存在于丝胶里,脱胶后仍留有部分色素,但经氧化剂漂白可除去。茧色深脱胶难,特别是红酱色的茧脱胶更难。蓖麻茧的颜色,以洁白色为最好,略带黄色为次,黄褐色的茧最差,精练困难。

茧的色素来源于桑叶。由于蚕品种的不同,蚕体内消食管和绢丝腺对色素的透过性或合成能力有差异,以致吃下同一品种桑叶会结成不同颜色的茧。如白茧种的蚕,因为它对色素缺乏透过性,又没有合成能力,所以吃的桑叶虽然带有各种色素,但结成的茧仍呈白色;而有色品种的蚕则恰巧相反,虽吃同样品种的桑叶,但能结出显现各种不同颜色的蚕茧。

黄茧的色素是由胡萝卜素和叶黄素透过消食管和绢丝腺而形成的。这种色素通常只存在于丝胶中,因此如果除去丝胶,色素也同时被除去。微绿色茧和乳黄色茧的色素是由桑叶中的叶绿素或红色素进入蚕体后重新合成的。这两种色素不仅存在于丝胶中,而且渗透到丝素中,所以,即使除去了丝胶,还会残留相当的色素。

茧的颜色,除了蚕品种的主要原因外,与蔟中环境也有关系。同一温度,蚕在多湿环境下吐丝时,容易增多乳黄色茧,还有,多湿环境有利于细菌繁殖。细菌可以分泌一种蛋白质分解酵素——酪氨酸酶,与丝胶中含有的酪氨酸起氧化作用,致使茧色呈暗灰色,光泽变次,这种茧解舒差,缫丝时茧絮多。

茧的光泽与它的颜色有关,还与茧层表面对光线的反射能力以及反射光在不同角度的分布有关。白色茧的反射能力强,光泽好;茧色灰暗的,光泽呆滞;有色茧因光线反射能力弱,光泽较差。茧层厚的光线不易透过,反射能力强,光泽较好,茧层薄的,透过茧层的光线,多数光泽较差。茧丝纤度粗的茧层,因表面散射反射光线比较紊乱,光泽较差,茧丝纤度细的茧层,表面散射反射光线比较均匀,光泽较好。缫丝中,要求茧的颜色与光泽统一整齐。茧的色泽不齐,缫成的生丝色泽也不统一,且会产生夹花丝,影响生丝的品质。

(三)茧层的缩皱

茧的缩皱是指茧层表面存在的细微凹凸的皱纹。由于蚕结茧时,从外层逐渐向内层吐丝,丝缕的吐出有先后的差别,它的干燥也有先后的不同,后干燥部分的茧层收缩时,牵引先干燥的外层,因此形成缩皱口随着茧层逐渐增厚,后吐的茧丝干燥缓慢,早迟相差接近,收缩力减小,无足够的力牵引外层,并且由于渐到内层时丝胶含量减少,纤度变细等原因,越至内层则越趋平滑无缩皱,而茧层表面缩皱较深。

缩皱的种类,就其形态来说,可分为粗缩皱和细缩皱。缩皱的粗细可用每平方厘米茧层表面的突起个数表示,突起个数多的则缩皱细,反之则缩皱粗。缩皱的粗细和均匀与否,会影响到缫丝的难易。同一品种的茧子,一般缩皱细而均匀的茧层弹性好,丝缕离解容易,对缫丝有利;缩皱粗而不匀的,丝缕不易离解,缫丝较难。影响缩皱粗细的有以下因素:

(1)蚕儿吐丝时振幅大的,则丝缕收缩作用大,形成粗缩皱,反之则形成细缩皱。

(2)纤度粗的丝胶含量多的,丝缕的收缩作用大,缩皱粗,反之则细。

(3)蚕健壮的,吐出的茧丝排列成"S"或"8"字形大,收缩作用也大,缩皱带粗。如为病蚕,结茧时无力,丝胶含量也少,茧丝排列次序紊乱,茧层呈松浮状态,以致看不清缩皱,形成绵茧。

(4)缩皱因蚕品种的不同而有差异,中国种茧丝多成"S"形排列,缩皱较粗疏,日本种茧丝排列多成"8"字形,交叉点多,缩皱较细密,欧洲种则在两者之间。

(5)缩皱与蔟中温湿度也有关系,同一品种在合理的温湿度范围内(如蔟中温度为 24℃,相对湿度为 65%)结茧,一般干燥较快,收缩均匀,缩皱细,排列匀,凹沟浅,反之,在多湿环境下结茧,缩皱绝大多数较粗疏,排列乱,凹沟深。

(四)茧层的厚薄和松紧

茧层松紧是指茧层软硬与弹性的程度。一般以手捏的感觉来判别,坚硬而富有弹性的为紧,松软而无弹性的为松。在多湿环境下结的茧紧,在干燥环境下结的茧松。同一粒茧中,外层的茧层松,向内逐步变紧,特别是蓖麻茧,外层松似棉花,内层紧密光滑,手捏有回弹声。柞蚕茧的茧层较桑蚕茧紧,主要是结茧时由蚕排泄出的草酸钙、尿酸铵等造成的。茧层的松紧对通水性的影响极大。其松紧程度与茧层的厚薄,茧丝的粗细,含胶量,丝缕的胶着程度有关。茧层越紧,含杂越多,胶着程度越大,精练也越困难。茧丝粗细不一,构成茧层孔隙大小不一,因而通水性也不同。

桑蚕丝、柞蚕丝和蓖麻蚕丝的横截面不同。从同一粒茧的蚕丝横截面看,外、中、内层均各不相同,因此各层的胶着力和胶着程度也各不相同。茧丝的胶着面和胶着力自外层而内层,逐步增加,因此精练时的难度自外层而内层也逐步增加。柞蚕茧的色泽、缩皱及松紧等情况,如表5-3所示。

表5-3　不同季节柞蚕茧的松紧等情况

项目	色泽	缩皱	松紧	茧长(cm)	茧幅(cm)	体积(cm³)
春茧	灰褐	粗	松	4.50	2.15	11～12
秋茧	红褐	密	紧	5.20	2.34	12～14

(五)茧层的通气性和通水性

通气性是指空气通过茧层的难易程度,或者说是空气通过茧层时阻力的大小,即在一定的压力差下,每分钟通过单位面积茧层的空气体积。若测定装置不同,也可用在一定压力下,一定体积的空气通过单位面积茧层的时间,或者用空气透过茧层所需的压力差来表示。通气性的好坏主要由茧层结构决定,它与茧层紧密度、空隙率、网目直径大小等有关。影响茧层通气性的主要因素是蔟中环境,特别是湿度。与干燥环境上蔟相比,多湿环境上蔟结的茧茧型小,茧层厚而硬,紧密度大,茧层中空隙小,网目直径也小,通气性差。

通水性是指水通过茧层的难易程度,即在一定的压力差下,每分钟通过单位面积茧层的水量。茧层的通水性好坏也是由茧层结构决定的,它与通气性具有一致性。与茧层的紧密度、空隙率、网目直径等有着密切关系。

一般而言,通气性好,则通水性好,反之通气性差,通水性也差。茧层的通气性和通水性直接影响着煮茧质量的好坏和缫丝的难易。通气性和通水性越好,蒸汽越容易通过茧层进入茧腔,使空气受热膨胀而排出茧腔进行置换,同时越有利于茧层的渗润和茧腔吸水,使茧的煮熟越均匀,越便于缫丝。

第二节　绢纺原料的来源及初步加工

绢纺原料来自蚕农、收茧、缫丝厂、织绸厂中的屑丝、下茧、次茧以及副产品,其中又可分为桑蚕原料、柞蚕原料和蓖麻蚕原料。原料种类繁多、性能各异,增加了精练的复杂性。

一、桑蚕原料

桑蚕原料有茧类和丝类两种。

(一)茧类原料

1. 按来源分 按来源有毛茧和光茧。毛茧来自蚕茧站的茧类原料称为收购下茧,一般茧衣未剥除,又称为毛茧,分类不清;光茧来自缫丝厂的茧类原料称为选剥次茧和下茧,茧衣已剥除,又称为光茧,分类清楚。下茧和次茧约占总茧量的 7%～17%,夏秋茧多,春茧少。

2. 按部标分 按部标有双宫茧、口类茧、黄斑茧、柴印茧、蛆孔茧、汤茧、薄皮茧和血茧。

(1)双宫茧。双宫茧是两条或两条以上的蚕同结的一粒茧。一般茧形较大,形状不规则,缩皱明显,粗细不一、偏粗、色光较暗。丝缕排列紊乱,交错重叠多,胶着重。茧层厚且厚薄不匀相差大,内含两个蛹,水分多,烘茧时干燥慢,丝胶变性、含油、灰分及蜡质物较多,故精练困难,易造成生熟不匀及疵点丝。双宫茧的丝质优良,但由于蚕茧结构的特殊,精练难均匀,影响梳折,因此精练时先要使茧能均匀渗润,而后才能均匀煮熟,收到较为满意的效果。

(2)口类茧。口类茧是茧层上有一破口,以削口茧和鼠口茧为多,蛾口茧少见。破口的大小直接影响到制成率的高低。这类茧中,各种茧都有,给均匀脱胶带来不利。

鼠口茧即茧壳被老鼠咬破的茧,一般为干茧;削口茧,由蚕业制种场用刀削去一端少量茧壳,倒出蚕蛹的茧;蛹在茧壳内化蛾钻出茧壳称为蛾口茧。削口茧未剥去茧衣,在精练前应剥除,否则既浪费茧衣又易产生疵点。削口茧有干燥和未干燥之分,其中以干燥茧为多。削口茧茧层厚,茧形整齐,厚薄松紧均匀,茧腔内无蛹体,水分少,易干燥,含油、灰分及蜡质物等均少,丝胶变性小,但精练时易造成外层脱胶过多,中内层偏生或整体偏熟的不足,因此需加强前处理。

(3)黄斑茧、柴印茧、蛆孔茧。黄斑茧的茧层上含有黄色斑痕,为蚕排泄的粪尿。分为尿黄、靠黄、硬块黄及老黄等数种。尿黄颜色浅,如污染处的丝缕松浮发软,说明尿液渗入茧层,丝胶溶解,丝素受到了损坏;靠黄是指茧层上的黄斑是被严重的黄斑茧污染上的,对茧质无影响;硬块黄是指茧层上的蚕尿成僵块状,此处丝质受损;老黄是指茧层上的黄斑呈深褐色,面积较大,丝质受损。黄斑茧除油略难,精练前应先处理黄斑中的尿酸,然后才能精练好,黄斑茧的丝质,除黄斑处外一般仍是优质丝,但丝色略差,加入剥色剂即可改善。

柴印茧的茧层表面有柴草的印痕,丝质仍优。柴印的形状有沟槽状、孔穴状和平板状等。丝胶变性多,胶着程度重,精练特别困难,且易产生绵结,制成率低,应加强前处理。

蛆孔茧的茧层被蛆咬成小孔,孔径约 1mm,一般小孔在头部,又称穿头茧。这种茧丝条极少切断或不被切断,丝质优良。各类茧都有蛆孔茧,因此精练前应考虑到它是混合茧类。

(4)汤茧。缫丝时,茧丝断裂后,长期浸于缫丝水中的茧。这类茧多数是由畸形茧、霉茧、烘茧和煮茧不良等原因造成的。茧层被蛹色、蛹油、蜡质物等污染,呈黄褐色。

茧丝含胶少且不均匀,属于较差原料。汤茧含油较多,保管不善易发生油蒸、油渗和细菌侵蚀,影响丝的强伸度。汤茧精练困难,应加强前后工艺处理,但不要高温浓碱处理。

(5)薄皮茧。薄皮茧的茧层特别薄,多数为瘪茧,丝质较差,一般是由弱蚕或病蚕结成,纤维细,含胶量多。

(6)血茧。常称烂茧,是蚕在结茧中死亡或在结茧化蛹后死亡的茧,又称血巴茧。如污汁少仅污染内层,称为内印茧。另一种内印茧是鲜茧在运输或处理时碰破蛹皮,其汁液污染内层所致,这类茧的丝质较好,但茧内结成的黑色或深褐色硬片,影响着丝的润湿及丝胶的膨润和溶解,脱胶较难,有的在丝条上留有小黑点,影响丝质。血茧中蚕或蛹体腐烂程度好坏相差较大,储藏中很易被细菌侵蚀或油蒸,油渗严重,纤维发脆,强伸度低,丝质很差。

按茧类原料质量分级规定,茧类原料一般为两级,其分类标准如表 5-4 所示。

表 5-4　茧类原料分级标准

项目及名称		一级	二级
茧层率(%)	双宫茧	≥48	≥45
	黄斑茧		
	柴印茧		
	蛆茧		
	汤茧	≥44	≥40
分类不清(%)	双宫茧	≤?	≤?
	口茧		
	黄斑茧	≤5	≤10
	柴印茧		
	蛆茧		
	汤茧		
	薄皮茧		
	血茧	≤5	
含杂率(%)	双宫茧	≤0.5	
	口类茧		
	黄斑茧	≤1	≤2.5
	柴印茧		
	蛆茧		

(二)丝类原料

丝类原料都来自缫丝厂、绸厂的次品和副产品。丝类原料分为长吐、短吐、汰头、毛丝等。茧衣也可以归为丝类原料。

1. 长吐

(1)按加工机器分。按加工机器分长吐有立缫机长吐和自动缫丝机长吐两种:

①立缫机长吐是由立缫机在缫丝前,茧经索理绪产生的乱丝团,经人工或机械加工整理而成的具有一定规格的丝纤维,品质最优。

②自动缫丝机长吐是由索理绪装置获得的绪丝。它直接卷绕于理绪装置上,剪下经除杂、除蛹衬以及除蛹后,而成粗条且较硬的条吐。

长吐的丝质在所有绢纺原料中质量最优,因为它的原料是上茧,又大部分是外中层茧丝,仅含少量内层茧丝而不含蛹衣,纤维较粗,强力大,含油、含灰分、蜡质物等杂质较少,丝色洁白,丝条疏松。如能在精练和洗涤过程中,继续保持长吐的平直状态,则对提高梳折有利。

(2)按形状分。按其形状分为长吐有条束状和绵张状两种。

(3)按加工方法分。按加工方法分为长吐有手整理长吐、机开长吐、半整理长吐和条吐四种:

①手整理长吐又称条束长吐或全整理长吐,是由立缫机索理绪的乱丝团,经手工或与机械相结合而成的。其头尾分明,条束整齐,具有一定规格,品质最优。长吐的色泽与质量取决于原料及索理绪后乱丝团中的蛹、蛹屑、汤茧的排除情况,以及清洗时的水温、操作等情况。

②机开长吐是由立缫机缫丝时产生的乱丝团经机械加工而成的。机井长吐丝较乱,易被梳针擦伤,缠结较紧。

③半整理长吐是立缫机缫丝时,经索理绪后的乱丝团再经整理而成。半整理长吐丝较乱,缠结疏松,但一般清洗不够,因而丝色略差。

④条吐是自动缫丝机在机械索理绪装置索取的绪丝,并缠绕在理绪装置上,由人工剪下整理而成。丝缕之间胶着重,粘成粗硬条状,精练困难,必须加强前处理。

长吐质量的高低取决于加工方法、加工是否及时以及整理好坏等因素。长吐质量分为1~4级和等外级,主要的检验项目包括整理概况、练减率、色泽及僵条含量等,辅助检验项目包括杂纤维量,每束结块硬条个数、蛹衬只数。

2. 短吐 短吐是由整理长吐时落下的短丝和丝块制成。纤维短而不匀,并混有少量的汤茧、蛹衬、蛹屑、僵条、僵块等。短吐丝色差,含油、含杂多,质量差。

3. 汰头 汰头是由缫丝时剩下的蛹衬加工而成,又名滞头,是缫丝厂的副产品。

汰头的加工方法有烧碱浸泡法、自然发酵法和酶泡法:

(1)烧碱浸泡法是先在88~95℃的热水中浸泡3~5min,再由汰头机加工成绵张状,然后用pH=12~14的碱水在室温下浸泡7~30天,再经漂洗、脱水、干燥、装袋。按此法加工的汰头,残油残胶少,色泽较白,但烧碱易损伤纤维。

(2)自然发酵法是原料在35~40℃下堆放8~24h,再在95~100℃的纯碱溶液中浸泡30~40min,然后机制成绵张,再漂洗、浸泡、漂洗、干燥、装袋。此法加工出的汰头的色泽不及烧碱处理的白,但光泽好,纤维强力高。

(3)酶泡法是原料先经50℃左右的温水预热,使丝胶充分而均匀的膨润,然后再投入49℃左右的酶液中,以便去油,再先用碱水洗,后用清水漂洗、脱水、干燥装袋。此法加工的汰头色泽较白,纤维强力较高。

汰头的纤维细,强力低,含油多,一般为3%~8%,高的可达20%。含胶量少且相差悬殊,色泽差异也大,绵张每张重300~500g。汰头质量标准共分四级和一个等外级。主要检验项目为整理概况、含油率、色泽和僵条及僵块的含量,辅助检验项目有杂纤维根数,蛹及蛹衬的只数。

4. 毛丝 毛丝是缫丝厂和织绸厂在加工过程中拉下的生丝,又名屑丝、口吐、经吐。每一根丝由几根茧丝合并,并借丝胶黏合而成。缫丝厂的毛丝色泽洁白,而织绸厂的毛丝则可能染有各种颜色。毛丝的原料均为上等茧,因此,强伸度高,含胶率为14%~24%。由于毛丝中的茧丝黏合牢固难以解开,故需加强前处理。毛丝的最大缺点就是其中混有捻度丝和杂纤维,不易取出,影响丝质。

5. 茧衣 茧衣是茧层表面松乱的丝缕。春桑蚕茧的茧衣占全茧量的 2%,色洁白,弹性好。秋茧茧衣约占全茧量的 1.8%,略带淡黄色,弹性稍差。茧衣的丝质较差,丝条紊乱、细、脆弱,含胶量多,一般在 38%左右,有的甚至高达 48%。茧衣中含有毛发、化纤、草屑、麻屑、竹片等动、植物纤维和化学纤维,有时还含有沙土、石子以及金属等杂质,应手工拣出。茧衣不需精练可直接使用,以增加后工序绵片蓬松程度和弹性,有利于梳理,但在加工过程中纤维易被拉断,增加落绵。个别工厂在绵球调和比中加入茧衣以弥补精干绵残胶偏少的不足。

二、柞蚕原料

柞蚕原料有茧类和丝类两种。

(一)茧类原料

1. 破损茧 破损茧是茧层上有破洞的茧,如鼠口茧、穿孔茧、蛾口茧等。形成的原因基本同桑蚕茧。蛾口茧分为春秋两种,分别称为小扣和大扣:

(1)小扣是指春天结的茧,待出蛾后,蛾钻出茧壳的茧。茧形小,纤维细,色泽为淡黄色。

(2)大扣是指秋天结的茧到第二年春天蚕蛹化蛾钻出茧壳的茧。茧形大,纤维粗。其中又分为良大扣和杂大扣:良大扣,蛾口处丝缕不紊乱,且纤维不断;杂大扣,蛾口处丝缕紊乱,纤维断裂多,色泽呈黄褐色。

2. 天然破口茧 天然破口茧一般是在缫丝前解舒处理时造成的破口,因为茧柄底部的茧层组织稀松无弹力。

3. 印痕茧 印痕茧类似桑蚕茧中的柴印茧,印痕茧是结茧时茧层表面与枝条或硬块接触过紧造成的。丝质好坏与印痕深浅、丝缕胶着轻重及脱胶难易有关。只要容易离解不形成疵点即为优良丝,有枝印和块印两种:

(1)枝印茧的茧层表面有一条或数条树枝的印痕,印痕外的丝都较好。

(2)块印茧的茧层表面有光滑的块状印痕,又称镜面茧。

4. 污染茧 污染茧类似于桑蚕茧的烂茧与内印茧,黑斑茧与桑蚕茧的烂茧基本相同,内斑茧与桑蚕的内印茧相同。

5. 不良茧 不良茧包括畸形茧、双宫茧、阴阳茧、薄皮茧、疙瘩茧、僵蚕茧等。其中畸形茧、双宫茧、薄皮茧、僵蚕茧与同类的桑蚕茧同;阴阳茧,一面茧层厚,一面茧层薄;疙瘩茧,茧形不正,表面缩皱特粗,桑蚕在吐丝结茧时,受外界影响停顿所致。

(二)丝类原料

柞蚕的丝类原料与桑蚕的大致相同,但名称差别较大,一般以加工方法命名。通常分为三大类,即大挽手、二挽手和扯挽手。无单独的茧衣原料,因为茧衣在缫丝前处理理绪时已把它混进大挽手中了。

1. 大挽手 大挽手是将剥茧理绪后所得的约 1m 长的绪丝经脱水干燥后整理而成的。由

于缫丝方法不同,又可分为水大挽手、药大挽手和灰大挽手三种:

(1)水大挽手,又名水丝大挽手,是由水缫丝时的绪丝整理而成的。水大挽手的原料均为优质茧。在缫丝前,漂茧时仅用弱碱性的碳酸钠和硅酸钠,对纤维损伤小,强度较大,约 26.2 cN/tex。因用水缫丝,故色泽好,呈淡黄色,丝胶含量较多,含油量少,含杂较多,并含少量硬条硬块,手感柔软而富有弹性,是优良的绢纺原料。

(2)药大挽手,又称药水大挽手,是由干缫丝理绪后的绪丝整理而成的。在缫丝厂的煮茧中用甲醛和明矾,漂茧时用氢氧化钠,时间长达 5h,损伤丝质。强度为 23~25cN/tex,色泽较差,呈褐色。分头尾,但条束不明显,呈绒绒绒束状,基本上无硬条硬块,手感柔软而弹性差,属较优良的原料。

(3)灰大挽手,又称灰丝大挽手,是干缫丝时由理绪后的绪丝整理而成的。原料多用黑斑茧、内斑茧等下茧,因茧层纤维已遭污染或细菌腐蚀,丝色呈深褐色。在煮漂时受到氢氧化钠的处理,故纤维强度较差,约为 20~21cN/tex。在大挽手中灰挽手的质量最差。

2. 二挽手 二挽手是在缫丝时茧丝断裂再经索理绪整理而成的或缫丝时剩下的蛹衬经加工而成的条束或绵张,用蛹衬加工的二挽手一般为机扯二挽手,又称白片,是由蛹衬机加工而成的。加工时,蛹衬先在氢氧化钠溶液中浸泡 6~8h,或在蛹衬上喷淋浓度为 8%~9% 的碱溶液,碱液温度为 90~95℃,待蛹衬手扯即行离解时为止。工作时,蛹衬机的工作辊快速旋转,利用摩擦作用将蛹衬上的茧丝绕于其上,蛹被隔板分离除去。当工作辊的绕丝量达 250g 时,停机,用刀割开,取下绵张,放在 40~50℃的温水中洗涤,后脱水,拣净其内的蜕皮、蛹皮、杂质,烘干后便成机扯二挽手。

在缫丝时茧丝断裂再经索理绪整理而成的二挽手根据加工方法不同又可分为水二挽手、药二挽手及灰二挽手:

(1)水二挽手是水缫丝时由索理绪获得的绪丝加工而成的,形状近似大挽手。精练后的制成率、丝的强度均高于水大挽手,强度约为 27~29cN/tex,色泽好,呈淡黄色。因无茧衣,故植物性杂质少。

(2)药二挽手是干缫时经索理绪获得的绪丝整理而成的,形状近似药大挽手。精练后其制成率及丝的强度均高于药大挽手,强度约为 25~26cN/tex,含杂少。

(3)灰二挽手是干缫黑斑茧、内斑茧时由索理绪获得的绪丝整理而成的,形状近似灰大挽手。精练后的制成率及丝的强度均高于灰大挽手,丝的强度约为 21~23cN/tex。

3. 扯挽手 扯挽手是缫丝厂的副产品。它的原料是可供缫丝的良茧或不可缫丝的黑斑茧、内斑茧、外斑茧、畸形茧、绵茧、鼠口茧、虫伤茧、鸟啄茧及空瓢茧等。原料经氢氧化钠处理后,在蛹衬机上扯开柞蚕茧,制成绵张。按原料质量的优劣又可分为两种:药水扯挽手是用比较好的原料加工而成的,丝的强度约为 25~26cN/tex;灰扯挽手是由黑斑茧、内斑茧加工而成的,丝的强度约为 22cN/tex。

三、蓖麻蚕原料

有含蛹茧、剪口茧、蛾口茧及烂茧。蚕农出售的茧一般是除去蚕蛹的剪口茧和烂茧。蛾口茧大多来源于制种场。

1. 剪口茧 剪口茧是剪开茧头取出蚕蛹的茧。剪口茧全国无统一的标准,评定茧质优劣的指标主要是茧层量、含杂率、剪口合格率、色泽及污染茧数量等项。茧质好,精练容易,制成率高,为一级茧,依次类推分成几个等级,各地不同。

2. 蛾口茧与烂茧 蛾口茧是留种茧,原属于优质茧,但由于蚕蛾污染茧层,使茧质变差,经尿酸侵蚀后的茧层,不仅增加精练的困难,也使纤维质量变差,所以蛾口茧的质量较剪口茧为差,通常选练折约 77%,梳折约 63%。烂茧的产生原因与桑蚕茧基本相同,其制成率近于蛾口茧。

四、原料的储藏

原料在储藏时,由于温、湿度控制不当,原料堆放不合理等因素的影响,都能使原料吸湿、蒸热、微生物繁殖,以致引起丝胶变性,纤维发脆,强度减小,梳折下降。

(一)防止微生物的侵蚀

由于蛹体含有丰富的营养,因此,在一定的条件下极易引起微生物的大量生长繁殖。常见的微生物有曲霉 I、曲霉 II、青霉及白霉等。当有曲霉 I 繁殖时,茧层表面有淡灰绿色斑点,蛹体由黄色变为深褐色;当有曲霉 II 繁殖时,茧层初有淡黄色污斑,久后变为黄褐色乃至深褐色,蛹体则由最初的青绿色变为灰绿色;当有青霉繁殖时,茧或丝类呈黄褐色,称"油蒸"或"油烧";当有白霉繁殖时,纤维上有白色斑点,蚕茧干燥不充分,原料长久堆积,或密封于桶或罐内最易发生白斑污染。

为防止微生物对蚕茧的侵蚀,在现有条件下最主要的就是控制环境的相对湿度及温度,使原料的回潮率保持在 6%~8% 的范围之内。当库房相对湿度过高时,除采取除湿措施外,也可在房间内放置生石灰、木炭或酸性白土吸湿,温度过高也可采用排气降温措施。

(二)防虫害和防鼠害

在仓库的管理上应注意防虫害和防鼠害。遇有虫害发生时,可用二硫化碳气体熏蒸。

(三)防止油蒸

重油汰头、汤茧、烂茧等原料含油较多,当空气的相对湿度为 85%~90%、温度为 25~28℃ 时,这些原料最容易发生油蒸,油蒸主要是酪氨酸酶破坏纤维中的酪氨酸而形成的。

对含油多的原料,储藏时必须十分注意,严格管理,使用中应注意先进先用,好差原料应严格分开。油蒸后茧的颜色的深浅与含油量有关,当油蒸的色浓,近于黄褐色时,茧的含油率在 7.0% 以上,当为淡黄色时,茧的含油率一般也在 3.5% 以上。对含油多的原料,对于长期储藏的包装原料要注意堆放方法,堆放应距墙 1m 左右,但不能近于 0.5~0.6m,原料堆之间的距离要便于空气流通和运输,一般为 1.2m 左右,堆放高度以不超过 10 层为宜,堆的形状以"井"字形为佳,有利于通风散湿。

当含油多的原料需要长期储藏时,首先应把蚕蛹抖松除掉,最好是在除油后储藏或在 55℃ 温度下灭菌处理后,再堆放在木架上,抖松铺薄,保持空气流通和室内干燥。含油多的原料切忌堆放过紧,否则夏季高温时,易发热,甚至自然而造成火灾。有条件的单位可将原料放在 0℃左右的冷藏干燥室内,储藏的时间还是以短为好。

第三节　蚕丝的结构与性质

蚕丝的主要成分是丝素与丝胶。次要成分是蜡质、灰分、色素、单宁及糖类物质,如表 5－5 所示。蚕丝中各成分的含量因蚕种、产地、季节、饲料不同而各异。此外,茧层的层次不同,其化学成分含量也不同。这些都给均匀脱胶带来困难。

表 5－5　蚕丝的成分及含量

项目	丝素(%)	丝胶(%)	蜡质物、色素、碳水化合物(%)	无机化合物(%)	单宁(%)
桑蚕丝	70～80	20～30	1.0～2.6	0.7	—
柞蚕丝	84～88	12	1.23～1.34	1.32～4.75	0.33
蓖麻(木薯)丝	85～90	7～12	1.5～2.0	2	—

蚕丝属于蛋白质纤维,其元素组成主要为碳、氢、氮等,此外,还含有少量硫。各种元素的含量随品种、原料及测定方法的不同有一定的差异,表 5－6 为蚕丝蛋白质元素的组成。

表 5－6　蚕丝蛋白质的组成及含量

项目	丝素(%)		丝胶(%)	
	桑蚕丝	柞蚕丝	桑蚕丝	柞蚕丝
C	46.35～41.55	46.34～47.14	44.32～46.29	46.65～46.74
H	5.84～5.97	5.34～5.99	5.72～6.42	6.93～7.12
O	27.67～29.69	28.59～29.72	30.35～32.50	30.14～32.82
N	17.38～19.00	18.10～18.28	16.44～18.30	15.60～16.00
S	痕迹	0.07	0.15	0.15

一、丝素的结构与性质

蚕丝是由两根单丝靠丝胶黏合而成的,每根单丝的中间为丝素,外围为丝胶。一根单丝由 150 根原纤维组成,如图 5－4 所示。

一根原纤维在电子显微镜下可以看到内含很多的微原纤维,并有微细的间隙,微原纤维则由更小的蛋白质分子组成。

采用离子刻蚀法处理蚕丝。刻蚀掉丝胶,在电子显微镜下可以观察到丝素表面显露出 900～1400 根直径为 0.1～0.4 μm 的巨原纤,其排列方向有的与纤维轴平行,有的呈一定角度,其间存在着大小不等的间隙。未经刻蚀的蚕丝,可观察到在光滑的丝表面上有不少块状和凸凹不平状的丝胶,由于巨原纤的存在,绢纺原料用高温精练而致脱胶太多时,容易产生绒毛丝,导

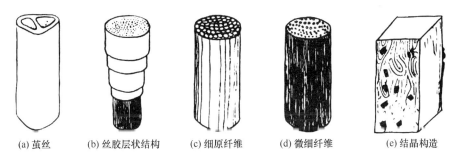

图5-4 茧丝微细结构示意图

致绢丝疵点较多。

　　丝素的结晶度约为50%左右,非结晶区内,侧基大的氨基酸含量比结晶区多,并含有活性基团,妨碍着肽链排列的整齐度和密集性。丝素蛋白只是一种含氮高分子化合物,相对分子质量约为34000,聚合度一般为300~400。由于丝素蛋白质单体结构及性质不同,故其构型各不相同,一般有三种,如图5-5所示。

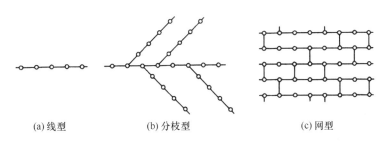

图5-5 丝素的高分子构型

　　由图5-5可知,丝素的高分子构型有线型、分枝型、网型三种。线型可溶解在适当的溶剂中,并具有一定的热塑性,即随温度升高而变软,继续升高到一定的温度,它会发生熔化或流动,而且可以反复进行。分枝型介于线型和网型之间。在其大分子的长链上,富有大小不一的侧链。小的侧链与线型高分子的性质相近,大的侧链与网型高分子的性质相近,特别是侧链上存在着—NH₂、—COOH、—OH、—SH等活性基团时,对丝纤维的吸湿性、溶解性、整列性、弹性及强伸性等都有着较大关系。网型与线型相反。

　　丝素和羊毛纤维一样,均为纤维状蛋白质,其分子呈一条条长线,通过氢键相互连接,呈纤维束状并列在一起,分子链间作用力很大,丝素中的约有80%是疏水性氨基酸,因此在常温水中仅能膨润而不易溶解。

二、丝胶的结构与性质

(一)丝胶的结构

　　丝胶的构型主要是无规则的线圈状,且有少量的晶区存在,多肽链的排列,从丝胶的外层到内层逐步由无规则过渡到有规则。随着精练技术的发展,丝胶结构理论经历了A、B丝胶论、三种丝胶论、四种丝胶论。

1. A、B 丝胶论 这是传统精练工艺的理论基础,蚕丝的外层丝胶被定为 A 丝胶,内层丝胶被定为 B 丝胶,它的主要论点是绢纺原料需在 100℃ 的高温下脱胶,先溶解的是 A 丝胶,后溶解的是 B 丝胶。

2. 三种丝胶论 三种丝胶论认为,丝胶从茧丝的外层到内层有三种类型,最外层为 I,向内为 II 和 III,最外层到最内层其溶解性由易至难,丝胶的三种类型及状态如表 5-7 所示。

表 5-7 丝胶的三种类型及状态

名称	状态
I	接近于无定形
II	有一定结晶,多肽链取向杂乱
III	结晶度较高,多肽链有规律取向

3. 四种丝胶论 四种丝胶论认为,丝胶有四种类型。这些丝胶在蚕体的绢丝腺中早已存在。后部丝腺分泌的丝素经过中部丝腺时依次被覆上四种丝胶,最外层为 I,向内为 II、III 和 IV,丝胶 I 肽链的排列主要是不规则的卷曲状,结晶性与规则性差,为非结晶构造。由丝胶 I 至丝胶 IV,肽链有变直的倾向(丝胶的外层到内层逐步由无规则过渡到有规则),称为 β-型化,肽链的排列逐渐趋向规则、整齐,直至结晶化。其空间结构也逐渐变得紧密,水分进入的难度逐步增大,影响丝胶内部肽链上极性基团与水的接触,故丝胶的水溶性变差。四种丝胶比例为,I:II:(III+IV)=4:2:2,丝胶 IV 占丝胶总量的 3%,有利于保胶与均匀脱胶。

(二)丝胶的水溶性

绢纺原料的精练是利用丝胶在热水中的溶解性进行的。

1. 丝胶的溶解 丝胶的溶解分为膨润和溶解两个阶段:

(1)膨润是丝胶在溶解之前的体积涨大变软阶段,也称胀化溶解阶段。水分子体积很小,极易渗透到蛋白质分子的各个空隙中,将分子链段撑开。随着水分子进入量的增多,其分子链段越撑越开,使部分氢键等副键断裂,丝胶体积涨大,发生膨润。

(2)溶解是丝胶均匀分散到溶剂中的过程,也可看作是溶剂分子对高分子物质单方面的混合过程,即两种分子互相渗透的过程。提高水温,可使更多的水分子进入到分子链内,以致全部副键断裂,丝胶溶解。

2. 影响丝胶水溶性的因素 绢纺原料在精练过程中,首先应使原料均匀润湿,以确保纤维上的残胶均匀一致。原料在润湿时,不仅要克服水的表面张力和水与纤维间的界面张力的影响,还要依靠丝胶颗粒的吸附作用、丝胶表面亲水基团的水化作用以及丝胶的多孔性和毛细管效应润湿丝胶。由于丝胶中存在着亲水基团,因此在一定温度的水中,丝胶容易润湿直至溶解,影响丝胶水溶性的因素主要有:

(1)丝胶的结构。茧丝内外层丝胶的结晶度不同,所以膨润、溶解性能也不同,丝胶变性后,其结构变化,β 结构和结晶化增加,黏度增加,孔隙度变小,丝胶表面疏水性基团增加,以致丝胶水化作用降低,溶解性能随之降低。

(2)电解质的作用。主要是电解质的负离子起膨润溶解作用。电解质的正离子被丝胶吸附,与之产生化合作用,使丝胶的膨润溶解性能下降,丝胶对一价的碱金属离子(如 Na^+、K^+)的吸附最弱,而对 Al^{3+}、Fe^{3+} 的吸附最强,Al^{3+}、Fe^{3+} 主要来源于水质或接触的机件,因此必须控制水的硬度及精练中使用的材质。

(3)溶解剂与抑制剂。促进丝胶溶解的药剂有弱碱性的硅酸钠、亚硫酸钠、硼砂($Na_2B_4O_7 \cdot 10H_2O$)等,抑制丝胶膨润溶解的药剂有醋酸、甲醛(含有 0.2% 的甲酸,所以水溶液呈酸性)等。

(4)丝胶在水中的浓度。丝胶浓度增加,其水溶液可阻止或延缓丝胶的大量溶解。

(5)水溶液的 pH 值。处于等电点时,其溶解量最少,甚至可在溶液中沉淀出来。当溶液的 pH 值高于或低于丝胶等电点时,丝胶蛋白质分子分别以正离子或负离子形式存在,水化作用增强,膨润和溶解性能增加。但溶液的 pH 值不可过大或过小,否则,不仅使丝胶溶解量过多,也会恶化丝的质量。

(6)温度。丝胶的溶解速度随温度的升高而增加。水的温度越高,丝胶的溶解量越多。但不呈线性关系。当水温为 $60\,^\circ\!C$ 以下时,溶解量增加不明显,当水温为 $90\sim100\,^\circ\!C$ 时,丝胶的溶解量明显增加,当超过 $100\,^\circ\!C$ 时,丝胶的溶解量为 $90\,^\circ\!C$ 时的 3 倍,极易损伤丝素。

(三)丝胶的变性

1. 丝胶的变性　丝胶的变性是指水溶性好的丝胶变为水溶性差的丝胶。丝胶在外界因素的影响下,促使蛋白质分子的空间结构变化而引起丝胶的变化。其实质是无规则线圈中的连接键断裂,而致肽链伸展,并向 β 型折叠转化,丝胶的黏度增加,表面的疏水基增多,导致丝胶的水溶性降低。丝胶变性给精练带来一定的困难。

丝胶的变性仅涉及氢键、盐式键等次级键的变化,不包括二硫键的断裂和某些基团的变化,即一级结构不变,变化的仅是二级、三级、四级结构。

丝胶的变性有一定的限度,结晶度不能无限制地提高。因为丝胶变性受到本身结构的制约,由于丝胶的分子侧基体积较大的氨基酸残基较多,影响了分子排列的规整性,所以丝胶的结构向 β 型结构的转化量只能达到一定程度为止,这个程度称为丝胶的极限变性程度。

2. 影响丝胶变性的因素　凡是能使丝胶蛋白质空间结构发生变化的物理、化学因素都可使丝胶变性。如射线、超声波、酸、碱、氧化剂等。日常尤以空气中的相对湿度、温度及蚕茧的干燥速度影响最大。丝胶中含有的蜡质物更能促进丝胶变性。影响丝胶变性的因素主要有:

(1)湿度。丝胶在潮湿的环境中易变性。空气中的水分子进入肽链间的空隙,破坏肽链间的联系,使其松散而伸展。当进入的水分子被蒸发后,肽链依靠氢键重新结合,使丝胶转变为稳定的 β 型结构。再次吸湿,已结晶的部分不再吸收水分,仍保持原来的结晶结构。但无规线圈结构吸湿后剩余的氢键又被破坏,再转为 β 型结构,使之结晶化。因此,随着吸湿、放湿重复次数的增加,丝胶的结晶化程度不断增加。在湿热情况下,水分子和肽链链段的热运动加剧,更加速 β 型结构和结晶化的过程,丝胶的水溶性变差。为了提高精练质量,就要防止绢纺原料的反复吸湿和散湿。丝胶变性的过程为：

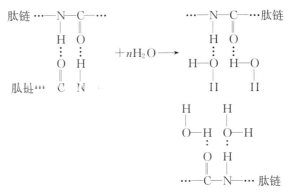

空气相对湿度对变性的影响较大,表5-8为相对湿度与丝胶变性的关系。此外,丝胶含水率对变性的影响也较大,丝胶的含水率为30%～80%时,最易变性。

表5-8 相对湿度与丝胶变性的关系

相对湿度(%)	温度(℃)	丝胶变性情况
95～100		丝胶变性最快,经数小时即可达到最大值
75～84	20～25	丝胶变性中等
60～65		丝胶变性缓慢
<60		丝胶变性极缓慢
<42	20	丝胶可保持一个月不变性

(2)温度。丝胶在干燥状态下,在一般温度下不易变性,如在干热状态下,温度在60～90℃时,丝胶变性仍不显著。但当温度升到一定时,才开始变性,且随温度的增加变性加剧,特别是在高湿环境下,温度的影响非常显著。

(3)丝胶的干燥速度。干燥速度也影响变性程度,干燥快,丝胶在湿空气中停留时间短,丝胶中的无规线圈向β型结构转变少。蚕茧在干燥过程中,由于蛹体含水率在80%以上,需通过茧层,把大量水分散发掉,因此茧层特别是内层,长期处于高温多湿下,丝胶变性较多,丝胶难溶。

(4)原料中的丝胶变性。

①结茧环境。高温多湿的环境下结茧,不仅丝胶变性多,而且茧丝之间的胶着也大,加大精练难度。高温多湿下结的茧,肽链之间的定向排列降低,茧丝强度也随之下降,影响绢丝质量。

②鲜茧干燥条件。在干燥蚕茧时,蚕茧受到高温多湿、高温急干或高温少湿的作用都能引起丝胶变性,但变性程度各不相同,一般随干燥时间的增加变性程度加大。鲜茧与适干茧(干燥程度为35%)的丝胶变性程度两者相差很大,因此,茧类干燥程度不同,影响丝胶变性程度不同,给精练带来困难。

③蚕茧储藏情况。蚕茧储藏时间长、丝胶变性多。若温湿度控制不当,丝胶变性更多,因此原料的存放期一般不超过三个月。

④日光因素。丝纤维经日晒,不仅引起丝胶变性,而且容易损伤丝纤维的结构。绢纺原料在运输和储藏过程中,常被日光照射,特别是长吐和汰头原料经加工后,由日光晒干。日光照射

时间短,丝胶变性小,损伤也小。日光照射时间长损伤大。因为茧丝蛋白质中酪氨酸的羟基最易受紫外线的破坏而氧化分解。

⑤其他因素。酸、碱能使丝胶蛋白质大分子的极性基团改变带电情况,使盐式键等极性的引力改变,造成结构松散而变性。重金属离子与丝胶有关基团生成难溶性盐类,或由该离子的撞击而引起丝胶分子结构松散而变性。醇能吸收蛋白质中的水而使丝胶变性。甲醛使丝胶分子的有关基团生成次甲基交联而降低丝胶蛋白质的可溶性。

三、蚕丝的杂质与性质

蚕丝的杂质有蜡质物、灰分、色素以及碳水化合物,在蚕丝中仅占1%～4%,但它会影响精练效果。它的存在有利有弊,主要看它存在于何处。如杂质存在于内层丝胶,则有利于保住较多的丝胶。柞蚕丝中的杂质最多,其次是蓖麻蚕丝,桑蚕丝中最少。

(一)桑蚕丝的杂质与性质

1. 蜡质物 蜡质物是指高级醇和高级脂肪酸所组成的脂和蜡。占全茧的0.4%～0.8%,蜡质物的熔点为59～60℃,颜色呈深褐色,外观不透明。蜡质物大部分存在于丝胶中,小部分存在于丝素的晶区中。而丝胶里的蜡质物主要存在于丝胶与丝素的交界处,其作用是减少蚕在吐丝时丝素分子和丝胶分子间的摩擦,同时对绢丝由液状转变为纤维状有相当作用。它不溶于水而溶于乙醚中,蚕丝外层的蜡质物随丝胶的脱除而去除。但由于它是疏水性物质,因此在精练之初会阻碍蚕丝的润湿,不利于精练。丝胶内层的蜡质物则有利于保胶。

茧丝里蜡质物的分布,各部位均不相同,蜡质物由外层至第三层逐步减少,近内层以后又增多。说明蜡质物是蚕丝中的固有成分,内层中蜡质物增多是由蛹体污染所致。因此,含蛹茧放置时间越长,则茧层茧丝中的蜡质物含量越多,给精练带来困难。

2. 灰分 灰分是蚕丝中的无机成分,丝素中的含量为0.9%～1.5%,丝胶中含0.2%～0.5%。灰分中的成分主要是钙盐,约占33%,其次是镁、钠的硫酸盐、磷酸盐以及铁、铝、铜、锰等盐。钙盐附在丝的表面,影响丝的光泽。

灰分在茧层中的分布不同。它既是蚕丝的固有物,又是蛹体内的含有物,一般茧外层含量较多,中层含量最少,内层含量最多,这是因为干蚕蛹内的灰分含量高达0.64%～3.91%所致。精练后存在于练丝残胶中的灰分性质较为稳定,即使再经多次精练也难去除,因为灰分已牢固地与绢丝结合在一起了。

3. 色素 色素是指蚕茧或蚕丝的颜色,家蚕茧可分为黄、白、绿三种,其中以白茧为多。色素大多存在于丝胶里,存留于丝素里的仅是微量,且易被漂白脱色。蚕丝常因储存日久或日照被氧化而变成黄色。色素主要来源于桑叶中的叶黄素、β胡萝卜素、黄酮色素等。蚕茧或蚕丝中的色素影响精练,如叶黄素中的两个羟基可与蚕丝蛋白质中的活性基团作用产生交联结构,使丝胶的水溶性大大降低,有碍脱胶。

4. 糖类物质 丝胶中的含量为1.46%,茧衣丝胶中的含量为0.3%,在丝素中含量为0.3%。大部分与丝胶结合成为糖蛋白或复合蛋白。

(二)柞蚕丝的杂质与性质

柞蚕丝对化学药品作用的抵抗能力比桑蚕丝强。杂质含量约占 3% 以上,一般为 5% 左右。

1. 灰分与蜡质物 柞蚕丝中蜡质物的成分与桑蚕丝的相似,但含量较多。含有的无机盐也较桑蚕丝多。茧层中的灰分最多的是钙盐,其次是硅、铁等盐,茧层经过浸渍或煮练后,灰分的浸出量不多,说明灰分是较难溶于水的。

2. 单宁 单宁不溶于水,若与丝胶结成单宁蛋白,就更不溶于水。单宁易与铝、铁等金属离子作用生成不溶性盐类物质。

3. 褐色物质 它是由丝蛋白被酚类有机化合物鞣化交联而成的物质。当蚕吐出的丝吸收空气中的水分时就会逐渐变成褐色。褐色物质存在于丝胶和丝素里,褐色的丝胶溶解性能差。

4. 排泄物 柞蚕在结茧时,将 $2\sim5mL$ 白色的黏糊状排泄物涂于茧层的茧隙内,使茧变硬,通水、通气困难。它的主要成分是草酸钙,含量为 $78\%\sim80\%$,其次是尿酸,含量为 3.6%。这类物质不溶于冷水,难溶于热水。所以在精练前需用 NaOH 或 H_2O_2 等药品处理,将其破坏,然后再进行精练。

第四节　绢纺原料的化学精练

绢纺原料中除主要成分丝素之外,还含有相当数量的丝胶及少量油脂、蜡质物、毛发、草屑等杂物。其中丝胶对丝素有一定的保护作用,但如含量过多,又会影响丝素的光泽和手感及丝纤维的工艺加工,油脂、蜡质等杂质会给纺纱工艺带来一定的困难。因此在绢纺加工之前,必须除去大部分丝胶、油脂、蜡质物等杂物,这一工程称为绢纺原料的精练。精练的程度将会影响丝纤维的品质及纺纱工艺的顺利进行。

一、化学精练的目的和要求

精练的目的主要是脱去多余的丝胶,以满足使用和绢丝品质的要求,同时,除去油脂和杂质,有利于后加工和绢丝质量的提高。精练主要有以下几点要求:首先,不仅要使茧丝之间的胶着点分开,而且要使茧丝分离成单丝;其次,茧丝的残胶率保持在 3% 或以上,并均匀一致,残油率在 0.55% 以下;再次,精干绵要求疏松、柔软且富有弹性,尽量少影响或不影响茧丝的强伸度,并有一定的白度、光泽、手感及风格;最后成本要低,制成率要高。

二、化学精练的基本原理

(一)脱胶原理

绢纺原料通过精练要把多余的丝胶从茧丝上脱下,使纤维上保持均匀一致的残胶,是一项很重要的工作。因为脱胶的多少,其残胶是否均匀,直接影响到绢丝的质量和制成率。

1. 水的主导作用 丝胶属于胶体。丝胶结构疏松,并含有占侧基总数 80% 的亲水基团,因此，当丝胶浸入水中时易被润湿，单靠水已可以脱去胶质，所以绢纺原料的脱胶主要靠水，其次才是化学助剂，化学助剂在脱胶中仅起辅助作用，即起到促进或缩短脱胶时间的作用。

为使绢纺原料充分而均匀地润湿，就必须克服原料松紧不一，内外结构不一，水的表面张力、界面张力过大以及存在相当数量的疏水基团等不利因素的影响。因此，在绢纺原料的精练中，首先就应注意克服上述各种妨碍润湿的不利因素。这样才能使绢纺原料在精练中得以均匀而充分的润湿，从而保证均匀充分的脱胶，使丝纤维上的残胶率保持均匀一致。所以在脱胶初期，应使水分子充分、均匀地润湿纤维的同时，要保证有足够数量的水分子进入到丝胶内部，引起丝胶膨胀，导致部分氢键断裂。在冷水或低温水中，丝胶仅发生有限的膨胀，而与时间长短关系不大。增加水温可以加快膨胀速度，增加吸水量使丝胶进一步膨胀。因为增加水温，水分子的动能加大，进入丝胶内部的水分子越积越多，丝胶不断膨胀，引起更多的氢键断裂。直至丝胶蛋白质中肽链之间的氢键全部断裂，丝胶大分子全部溶解于练液中，完成脱胶过程为止。

2. 化学助剂的辅助作用　但仅靠水的脱胶过程时间较长，为缩短精练时间，提高精练效率，就必须在精练液中加入有效的化学助剂，以加速丝胶的润湿过程，并削弱丝胶大分子之间键的联系，缩短精练时间，提高脱胶质量，如工艺参数控制得当，化学助剂不仅不会损伤纤维反而有利于精练。

丝胶蛋白质具有两性性质，既能与碱作用，也能与酸作用。精练时，丝胶蛋白质与碱或酸作用后，生成可溶性盐，加速了丝胶的润胀和溶解。提高练液中 OH^- 和 H^+ 离子的浓度，使丝胶大分子间的结合力减弱，分子排列整齐度下降，有利于水分子进入。练液中加入助剂后，会进一步破坏蛋白质大分子排列的整齐度，使丝胶更易润湿和溶解。

(二)除油原理

除油主要采用肥皂和纯碱，肥皂在除油中起到乳化除油和洗涤除油的作用。为发挥纯碱的除油作用，就必须使油脂完善地水解成脂肪酸，可采用纯碱溶液中低温长期浸泡和微生物处理的方法，使油脂水解。再经纯碱液复练，使水解出的脂肪酸与纯碱发生皂化反应而去除，形成的钠皂可以继续参与乳化除油。在除油过程中，控制好精练温度就能充分发挥纯碱的作用，温度的控制在精练过程中对保胶除油有决定性的作用。

三、化学精练的常用助剂

(一)碱类

1. 烧碱　由于丝胶与丝素的等电点偏酸性，因此，其抗碱能力差。特别是烧碱极易损伤纤维，故在桑蚕丝的精练中不宜采用。但由于柞蚕丝的抗碱能力较强，故在柞蚕丝初练中的解舒处理时可采用烧碱作助剂。因为柞蚕茧茧层间隙中含有极难溶解的排泄物，茧丝之间除丝胶外，还含有有机物、无机物和盐类物质，使茧层胶着紧密，通水性差，水分子很难进入茧层间隙，精练中极易造成生熟不匀。采用烧碱处理可以改善柞蚕茧的精练效果。烧碱易破坏蚕茧中的杂质，促进蜡质物的皂化水解。此外，烧碱还有利于水分子渗入到茧层间隙，加速丝胶的均匀膨润和溶解。但温度不可过高、浓度不可过大，否则会损伤纤维，手感粗糙，失去光泽，并降低其强伸度。

2. 纯碱 纯碱是绢纺原料精练工艺中用得最多的助剂。因为它价廉、效果好。精练中若使用得当,对丝的损伤小,品质好。

纯碱为羽酸弱碱盐,在水溶液中极易水解,其反应过程为:

$$Na_2CO_3 + H_2O \rightleftharpoons NaOH + NaHCO_3$$

其水解产物为 NaOH 和 NaHCO₃。水溶性呈碱性,但碱性较弱。在绢纺工艺中,对其使用浓度和温度仍需严格控制,否则也会损伤纤维。

(1)脱胶作用。纯碱是所有精练碱剂中使用效果最好的一种。图 5-6 为练减率与各种碱液浓度的关系曲线。

由图 5-6 可知,丝胶在纯碱溶液中的练减率最大,即在保持同样练减率的条件下,纯碱的用量最少,既降低精练成本,又可缩短时间。

表 5-9 为几种常用碱剂的性质。

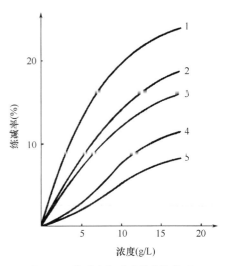

图 5-6 练减率与碱液浓度的关系
1—纯碱 2—碳酸氢钠 3—硅酸钠
4—磷酸钠 5—丝光皂

表 5-9 常用碱剂的性质

碱的种类	浓度(%)	近似 pH 值	氢氧根离子浓度(g/L)
NaOH	1	13	4.00
Na₃PO₄	1	12	0.50
Na₂CO₃	1	11	0.05

由表 5-9 可知,在同一浓度的碱液中,各种碱液的 pH 值相差不大,但其水溶液中所含氢氧根离子的浓度却相差很大。其他两种碱的氢氧根离子的浓度分别为纯碱的 10 倍和 80 倍。对丝纤维造成损伤的主要因素就是氢氧根离子的浓度。因此,纯碱对丝纤维的损伤相对比较小,精练质量好。所以绢纺原料精练工艺中都将纯碱作为主要助剂。

(2)除油作用。在蚕茧茧层中含有蜡和脂肪以及少量的游离高级脂肪酸,这些物质统称为蜡质。蜡对碱的作用相当稳定,不易被水解,但脂肪不同,它可与碱作用发生水解反应。其反应过程为:

$$(C_{15}H_{31}COO)_3C_3H_5 + 3NaOH \longrightarrow 3C_{15}H_{31}COONa + C_3H_5(OH)_3$$

水解反应结果生成肥皂和甘油。其中,甘油易溶于水中,而肥皂具有乳化、洗涤作用可帮助去除蜡质。其次,游离脂肪酸能直接与碱发生皂化反应生成肥皂,同样具有乳化、洗涤作用可帮助去除蜡质。

可见,精练工艺中欲充分发挥纯碱的除油作用,首要的就是加强原料的前处理,将含油原料先经长期浸泡、初练和发酵处理,使蜡质物充分水解,然后再通过适当温度碱液的复练,使水解产物产生皂化反应,大量去除茧层中蜡质物。

（3）软化水的作用。绢纺原料含油多,精练中需使用不少肥皂,如水的硬度过高则易产生钙镁皂,一方面多消耗肥皂,另一方面也易黏附在纤维上,难以洗掉,使丝色变灰,丝质发黏,影响后加工。绢纺厂的精练用水一般不单独处理,仅在精练前的练桶中加入一定量的纯碱即可,加入数量之多少视水的硬度而定。放入纯碱后,充分搅拌,待污渣浮起,仔细捞净,然后才加入肥皂进行精练。

（4）渗透润湿作用。纯碱能降低水的表面张力,有利于绢纺原料的快速、充分而均匀的润湿,为均匀脱胶提供前提。

精练中使用纯碱虽有不少优点,但除油效果仍不太理想。若单用或多用纯碱又容易损伤丝质,使手感粗糙,白度和风格欠佳。所以在精练中,使用的助剂若以纯碱为主,则应设法弥补纯碱的不足,以确保精干绵的质量。

3. 硅酸钠　一般用于柞蚕绢纺原料精练,有良好的洗涤、渗透、乳化和保护胶体的性能。能吸附水中的铁离子和各种有色物质,防止练丝上产生锈斑并使丝质洁白。但硅酸钠用量不可过多,否则精干绵手感粗硬。

(二)氧化剂和还原剂

1. 氧化剂　氧化剂主要用在柞蚕丝类原料的水大挽手、水二挽手的精练中。常用的是过氧化氢和过氧化钠。溶液的 pH 值控制为10,酸性过强则效果不佳,碱性过强则对丝发生剧烈的破坏作用,使蛋白质分子中肽链基上的侧基、肽链末端的氨基及肽键受到氧化。过氧化氢能氧化柞蚕茧茧层中的有机物、色素和盐类,但在铜、铁离子含量高的水中,不宜使用过氧化氢,因为这些离子会催化过氧化氢分解,使绢丝变脆,所以在使用铜、铁设备时,需在表面镀锡。

2. 还原剂　精练中常用的是保险粉($Na_2S_2O_3$)。在绢纺原料本身或各原料间的色差大时,保险粉可作为剥色剂和匀染剂使用。当精练设备是铜、铁材料或水中含有较多的铜、铁离子时,使用保险粉可避免有害离子吸附于丝上而破坏丝的强伸度。

保险粉不稳定,使用不当易分解失效。当溶液的 pH＝10,温度为60℃时,较稳定。遇酸易破坏。

(三)表面活性剂

1. 肥皂　肥皂有优良的去污能力、乳化能力和洗涤渗透能力。且由于碱性较弱,很适于绢纺原料的精练。肥皂在水中极易水解,其反应过程为:

$$C_{15}H_{31}COONa + H_2O \Longrightarrow C_{15}H_{31}COOH + NaOH$$

水解导致肥皂的分子结构被破坏,生成了脂肪酸和烧碱,溶液中的碱性增加了,但表面活性消失了。在浓度为 0.1%～0.5% 的肥皂水溶液中,约有 5%～10% 的肥皂水解。肥皂的水解程度与肥皂的种类、练液的 pH 值和练液的温度有关。为防止肥皂的水解,可在练液中加入一定比例的碳酸钠,以增加练液中的钠离子浓度阻止肥皂水解反应的进行。这种肥皂与纯碱的混合使用的精练工艺称为皂碱精练,皂碱精练可弥补单用纯碱精练的不足,对丝质损伤小,色泽洁白,精干绵质量好,成本低。

精练中常用的肥皂有橄榄油皂、蛹油皂和丝光皂。其中橄榄油皂最好,溶解度高,既有利于精练,也易于从练丝上洗净,精干绵质量好,但价格贵。蛹油皂是由蛹油加工而成的,价廉效果也好。丝光皂即普通的工业肥皂。精练工艺中使用的肥皂一般要符合以下要求:脂肪酸含量在60%以上,游离苛碱量不超过0.1%,游离碳酸钠不超过1%。

皂碱精练对水质要求较高。因为肥皂在硬水中会与水中的钙、镁离子反应生成钙皂、镁皂,生成的钙皂、镁皂不溶于水,使其丧失洗涤、渗透和乳化能力。且钙皂、镁皂具有黏性,黏结在纤维上很难洗净,使丝色灰暗。为了确保肥皂的精练效能,在水的硬度较高的情况下,肥皂的用量应是正常用量的3倍,以减弱水中钙、镁离子的影响。如蚕茧先用硫酸或盐酸初练,则在复练之前必须将练丝中的无机酸洗净或用碱中和掉,否则肥皂遇酸被水解,游离出脂肪酸,降低其精练效能。

2. 雷米邦 A 雷米邦 A 为阴离子型表面活性剂,是较好的洗涤剂,具有扩散、渗透及乳化性能。当精练用水硬度较高时,一般采用雷米邦 A 代替肥皂或混合使用。1kg 雷米邦 A 可代替 2kg 肥皂使用。练后的丝具有光泽,手感柔软,且弹性好。

3. 平平加 O 平平加 O 为非离子型表面活性剂,易溶于水,水溶液呈中性,是一种优良的扩散剂,并具有润湿、洗涤及乳化性能。当用量足够或与保险粉共用时,具有一定的剥色能力和耐酸、耐碱和耐硬水的能力。在酶精练后的复练中,使用平平加 O 有抗静电的作用,其浓度为 0.1%～0.25%。

4. 净洗剂 105 净洗剂 105 属于非离子型表面活性剂,具有扩散、乳化、渗透、耐酸、耐碱和耐硬水的优良性能,有较好的去污力。在 60℃洗涤时,可起到高温皂洗的效果。

5. 渗透剂 JFC 渗透剂 JFC 为非离子型表面活性剂,水溶液呈中性,耐酸、耐碱、耐硬水,稳定性较好,使用温度为 40℃,在原料浸泡中使用,效果较好。

四、化学精练的工艺过程

化学精练是利用化学药品使绢纺原料除胶去脂。丝胶在一定浓度的酸或碱溶液中容易膨化与溶解,从而达到了除胶的目的。绢纺原料的化学精练过程包括精练前处理、精练及精练后处理三个工序。

(一)精练前处理

绢纺原料种类繁多,即使同一种原料,也因产地和处理方法的不同而有所差异,因此在精练前必须将原料进行前处理,前处理的好坏直接影响精练的效果、绢丝质量及后道工序的顺利进行。

1. 原料选别 原料质量随品种、饲养季节、饲养条件及其性状不同而不同。因此,必须选别分类,才能制订出合理的工艺,原料选别有粗选和精选之分。

(1)粗选。将同一品种、季节及同一类别的原料放在一起,将茧类原料中的各种茧,丝类原料中的各种丝分别归类。

(2)精选。在同一类原料中根据原料的大小、厚薄、颜色、含胶量、胶着程度、松紧、含油率及丝胶溶解性能不同进一步加以分类,特别是丝类中的汰头原料,还需按含油和色泽等情况分为十个等级。分类细,有利于精练和提高精干绵的质量,但费工时。

2. 剥茧衣　削口茧、毛烂茧、蓖麻蚕原料都有茧衣,需剥去后才能精练。剥茧衣一般由剥茧机完成,要求茧衣剥得适当光一点,否则,绢丝绵结较多,影响绢丝的质量。

图5-7所示为剥茧机的结构图。剥茧机主要由竹帘1、剥茧带2、剥茧挡板3、主动轴4、主动轴紧压装置5及压辊筒6组成。剥茧带由数层氯纶布制成,转动时与压辊筒摩擦,产生静电。毛茧送至剥茧挡板3前,茧衣被剥茧带2静电吸附,并随着剥茧带的回转被卷在剥茧带上,剥去茧衣的蚕茧则被挤出而落入储茧装置。

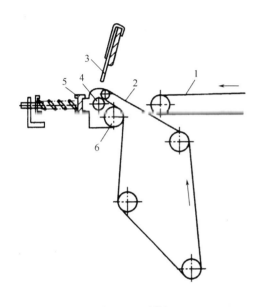

图5-7　剥茧机

1—竹帘　2—剥茧带　3—剥茧挡板　4—主动轴

5—主动轴紧压装置　6—压辊筒

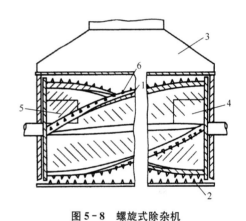

图5-8　螺旋式除杂机

1—螺旋翼打手　2—固定角钉　3—吸尘装置

4—原料入口　5—原料出口　6—角钉

3. 除杂　原料扯松与除杂的基本任务是将固块缠结、并合丝条扯松,并除去原料中的草屑、毛发、麻丝、蛹屑等杂物。此项工作多与原料的选别结合在一起,一般分为手工除杂、机械除杂和化学除杂三类。

(1)手工除杂。手工除杂是用手工拣除一些草屑、毛发、麻丝和蛹屑等杂物。

(2)机械除杂。机械除杂常用的机械是螺旋式除杂机。主要由喂给机构和带有长钉的锡林所组成,如图5-8所示。

由图5-8可知,螺旋式除杂机主要机构为带有角钉6的螺旋翼打手1。在螺旋打手的下方,沿打手轴向有一排固定角钉2,它与角钉6有一定的距离。原料由喂入口4送入,受到螺旋翼打手的打击,利用角钉6与角钉2的相互作用而扯松。由于螺旋翼打手的螺旋作用,将原料由喂入口4引向机器另一端的原料出口5而送出机外。在扯松过程中,大杂由于打手离心力的作用而被抛出,在尘格处落下,细小的尘埃与杂质则由吸尘装置3吸走。这种除杂机适用于茧类或长度较短的原料。

(3)化学除杂。化学除杂多用于去除植物性杂质,又称炭化。例如柞蚕原料所含的树叶等杂质,还有一些如头发、畜毛等动物性纤维也可用化学药品去除。炭化的主要药品是硫酸和盐酸。

4. 扯松 紧密和缠结的丝原料,必须扯松,才有利于后加工。

5. 除蛹 除蛹方法有干切茧除蛹和湿开茧除蛹两种。

(1)干切茧。干切茧除蛹是将含蛹茧通过干切茧机剖开蚕茧除去蚕蛹。除蛹后的茧,不会在精练时因蛹油浸出而污染茧层,茧层含油少,精练时间短,节约煤、电、水。碱液浓度也可降低,纤维损伤少。

切茧机的结构如图5-9所示。

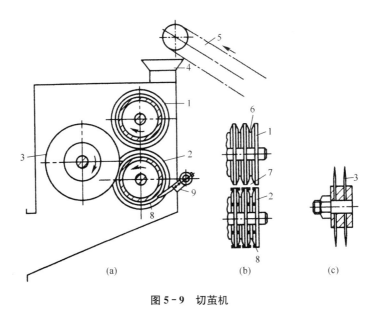

图5-9 切茧机

1—上喂茧轮 2—下喂茧轮 3—刀片 4—分配漏斗 5—输茧帘子

6—凹槽 7—通道 8—挡块 9—刮刀

切茧机主要由上喂茧轮1、下喂茧轮2、刀片3、分配漏斗4和输茧帘子5组成。上、下喂茧各有一排,每排各有数圈间距相等的径向凹槽6,如图5-9(b)所示。上、下喂茧轮的凹槽相对,形成通道7,可容纳一粒茧子竖着通过。在下喂茧轮转动时,将茧子推向前方。在下喂茧轮的前方装有与喂茧轮凹槽相应数量的刀片3,如图5-9(c)所示,刀片位于下喂茧轮凹槽的中央并深入槽内作高速回转,能将送入的蛹茧剖开。工作时,有蛹茧由输茧帘子5送至往复摆动的分配漏斗4内,分配漏斗4将蛹茧均匀送入喂茧轮的控制范围内,蛹茧就被挤入由上、下喂茧轮凹槽形成的通道7中,并被挡块8推向前方而被伸入的刀片3剖开。剖开的茧壳与蛹体再送往螺旋式除杂机,将蛹体除去。下喂茧轮的后方有刮刀9插入凹槽中,将嵌入的茧子拨出。

(2)湿开茧。湿开茧除蛹是将初练后的蚕茧通过湿开茧除蛹机除去蚕蛹。初练时,蛹油易污染茧层,含油量高,增加精练难度,易损伤纤维。煤、水、电及化学助剂耗用多,增加成本,但精干绵的梳折高,纤维长。

(二)精练

1. 精练的方法

(1)按精练助剂分。

①碱精练。由于丝胶的等电点是偏于酸性的,因而在碱溶液中更容易溶解。当溶液的 pH 值为 9.5～10.5 时,溶解急剧增加,同时碱可使丝胶中的油脂皂化而除去。

用于精练的碱类一般有:Na_2CO_3、Na_2SO_3、$NaOH$、Na_3PO_4、Na_2SiO_3、$NaHCO_3$ 等。由于这些碱类离解度不同,精练的效率、精练后纤维的性能也有所不同。

②肥皂精练。肥皂在水解中可生成游离碱,是一种普遍采用的精练方法,用肥皂水解,加强了分离出的游离碱,使溶液的 pH 值不断提高。肥皂的这种缓冲作用,可使精练作用缓和、均匀,易于控制。肥皂具有表面活性性质,它能使溶液介质间界面张力减小,有助于脱胶均匀。肥皂还具有乳化作用,能去除丝纤维上的油脂。

肥皂易与硬水的钙、镁等金属离子作用生成钙皂、镁皂,它具有黏性,在水中不溶解,互相粘连在一起,呈棉絮状,黏附于精干丝纤维表面,很难除去,造成在以后梳理及牵伸过程中的困难,故精练时切忌使用硬水。精练后的丝纤维如吸收练液中过多的脂肪酸,时间过久,丝纤维色泽变黄。

肥皂精练以温度在 95～98℃,pH 值在 9.5～10.5,时间约 30～40min 为宜。用于精练的肥皂水解度要小,而溶解度要大,这样可以改善对丝纤维的作用,水洗时也易除去。用作精练的肥皂应呈中性,游离碱以不超过 1%,游离脂肪酸以不超过 2%,脂肪酸的含量应在 60% 以上为宜。

③皂碱精练法。以肥皂和纯碱作为精练的主要助剂。经复配后的助剂,更能发挥各种助剂的作用和优良性能,以促进丝胶润湿、膨胀和溶解,同时除去油脂。练液的 pH 值一般控制在 9～11 范围内,pH 值低于 9 时,脱胶除油慢且不匀。但若高于 11,则因碱性过强而损伤丝质。

此法练后的单纤维强力、色泽较好,适用于一般绢纺原料。但它对含有蛹及油脂多的原料,精练时容易使油脂渗出,丝纤维产生黏附并结,所以这类原料可以采用自然发酵法与皂碱法混合脱胶,或者先酸练后皂—碱精练。

④酸精练法。加入酸使溶液的 pH 值偏离丝胶的等电点,也会和在碱性溶液中一样,使丝胶容易溶解,同时酸也可以促进丝胶水解成氨基酸,因而酸也可作为精练剂,常用硫酸。

用酸精练一般不易控制,要除去大部分丝胶往往也会损伤丝素,而且它不能去除油脂杂质,在成本以及色泽等方面也不够理想,但由于酸对油脂无乳化作用,故有时在茧类初练时采用酸精练,由于蛹体的等电点为 4.5,与练液的 pH 值接近,所以精练后蛹体仍保持干固状,由于蛹体未膨胀和软化,蛹油不易渗出,茧层污染少,练丝中残油少。

硫酸是强酸,如控制不当易影响丝色与丝质,练液的 pH 值控制在 1.8～2.5 之内,低于 1.8

时,易损伤丝质,高于2.5时,接近丝胶等电点,精练较难。

(2)按精练温度分。

①高温精练。绢纺原料在100℃左右的练液中精练,用来练制丝胶变性大、含油多的原料。时间长短视原料品质而定。

②低温精练。绢纺原料在45～80℃的练液中精练,在这种温度下精练,既能保住大量的残胶,又使残胶均匀。时间一般为6～12h,但有的高达40h以上。该法的精干绵残胶含量高、且均匀,纤维强度高,梳折高,但若处理不当,也存在丝色欠佳、精干绵残胶含量过高、纤维硬挺的缺陷。当丝质较硬时,可采用柔软剂处理或用机械方法柔软绢丝纤维。

2. 化学精练设备

(1)练桶。化学精练一般是在木质圆桶中进行。材料多用硬质木,如桧木、榉木或松木等。其结构如图5-10所示。

由图5-10可知,练桶桶底装有通蒸汽的盘香管2,管侧开无数小孔。当蒸汽由进汽管1进入,经盘香管喷出以加热练液。为了防止丝纤维因接触蒸汽管而受损伤和缠绕管子,在距桶底10cm处,装有木质假底3,底上有许多圆孔,以利热的对流。

(2)热压锅。采用热压精练时,须使用热压锅。热压锅有立式和卧式两种。卧式容量大,但立式可适于加工不同品种、不同工艺条件的原料,故使用较广泛。立式压力锅的结构如图5-11所示。

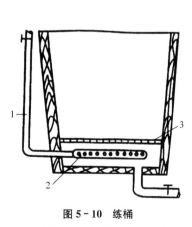

图5-10 练桶

1—进汽管 2—盘香管 3—木质假底

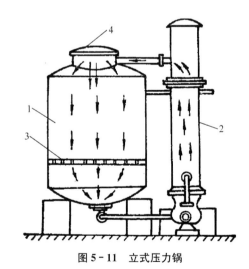

图5-11 立式压力锅

1—锅身 2—加热器 3—假底 4—锅盖

由图5-11可知,立式压力锅的加热器2装有许多管子,练液靠下部的泵打入管中,流经喷液装置而洒在原料上。加热器管子间通以蒸汽,使练液加热。锅身1装有安全阀。锅身加热器皆装有气压表,借以控制压力,保证精练原料的品质。

(3)筒式精练机。图5-12为筒式精练机。

由图 5-12 可知,筒式精练机由不锈钢的圆形练筒 1、练筒盖 2、蜂巢筒 3、装料花板 4、压料花板 5、涡轮泵 6 和定位杆 7 组成。练筒底部有蒸汽管、冷水管及循环水管。循环水管与涡轮泵相连,蜂巢筒 3 为一中空的圆筒,它与装料花板 4 及压料花板 5 上均布满小圆孔。定位杆 7 可调节压料花板的升降,以便将原料压入练液。精练时,将冷水及化学助剂放入练筒,用吊车将装有原料的装料花板 4 放入练筒内,用压料花板 5 压住原料,盖上练筒盖 2。开动电动机,使涡轮泵正反交替转动,练液即通过小孔循环流经原料,均

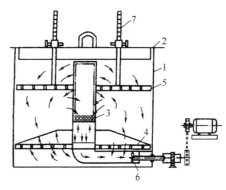

图 5-12　筒式精练机

1—练筒　2—练筒盖　3—蜂巢筒　4—装料花板
5—压料花板　6—涡轮泵　7—定位杆

匀地精练原料。当练液升温到 100℃ 时开始计时,经 40min 左右精练完毕,关闭蒸汽,涡轮泵停转,放掉练液,再用温水进行槽洗,用吊车将原料吊出,移送冲洗机处进行洗涤。此机产量高,但精练时,筒底的原料比由上的要熟些,故有上下精练不匀的缺点。

(4)笼式精练机。图 5-13 为笼式精练机。由图 5-13 可知,笼式精练机由上下两个大水槽组成。上下槽可按精练要求分成几个小槽,槽 1、5、6 放温水,用作初练、浸泡或温水洗用;槽 2、3、4 用作精练,水、蒸汽及药剂均由管道输入。原料装入笼子 8 内,由链条带动依次在各槽内接受浸渍、精练和洗涤。精练的时间可由链条速度控制,有三挡速度可供选用。精练后,在出口处笼盖自动打开,由输绵帘子运至机外。

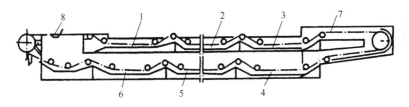

图 5-13　笼式精练机

1~6—水槽　7—循环链条　8—笼子

(5)叶轮式精练机。图 5-14 为叶轮式精练机。

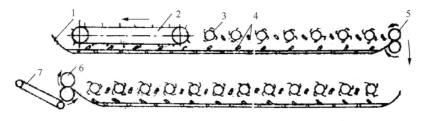

图 5-14　叶轮式精练机

1—练槽　2—刮绵帘子　3—叶轮　4—上、下喷水嘴　5,6—压辊　7—输绵帘子

由图 5-14 可知,叶轮式精练机由练槽 1、刮绵帘子 2、叶轮 3、上下喷水嘴 4、压辊 5、6 和输绵帘子 7 组成。精练时,将原料铺在练槽上,由于刮绵帘子的回转,用其刮板将原料送入练槽内,使原料浸渍吸湿。当原料由刮绵帘子送出后,由于叶轮 3 的转动和上下喷水嘴高压水的冲力,将原料向前推进,并受到精练,然后再转入下槽精练,最后由压辊 6 压去多余的练液,送至输绵帘子 7 上。该机精练较匀,但不适于长丝络的原料。

3. 精练的工艺参数 工艺参数的确定应有利于精练,以取得"保胶除油"的效果。要求不损伤或少损伤丝质,精干绵强伸度高,颜色洁白而有光泽,疵点少,精干绵疏松、柔软、富弹性而易梳理,否则将损及丝质,降低制成率。精练工艺参数主要有:练液的温度、练液的 pH 值、精练时间、练液的浓度、浴比等。

(1)练液的温度。

①丝胶在普通水中的溶解度。丝胶在普通水中的溶解量如表 5-10 所示。

表 5-10 丝胶在普通水中的溶解量

水温(℃)	20	30	40	50	60	70	80	90	100
丝胶溶解量(g)	0.050	0.063	0.072	0.098	0.350	0.394	0.410	0.441	0.480

由表 5-10 可知,随着温度的升高丝胶的溶解量逐步增多,在 50℃ 以下增加量较少;在 50~60℃ 的丝胶溶解量有一个突增的阶段;超过 60℃ 时,丝胶的溶解量明显增多。在传统工艺的低温精练时,将 60℃ 作为起点温度,在浸泡预处理时,常采用 60℃ 左右的温度。

②丝胶在精练溶液中的溶解度。丝胶在精练溶液中的溶解度如表 5-11 所示。

表 5-11 丝胶在精练溶液中的溶解度

练液温度(℃)	70	80	90	95
丝胶溶解度(%)	5.50	6.46	7.78	10.88

由表 5-11 可知,在一定 pH 值的练液中,丝胶的溶解度与温度的关系极为密切。温度每增加 10℃,丝胶的溶解度增加 1% 以上;当温度超过 90℃ 以上时,丝胶的溶解度增加得更明显;在 90~95℃ 有一突增阶段,丝胶的溶解度增加特别多。所以在精练含胶量多的原料时,或精练外层丝胶时,可采用 90℃ 以上的温度,以利缩短精练时间。但在精练含胶量少的原料或脱胶到内层时,应尽量少用或不用 90℃ 以上的温度,否则,要保住残胶是很困难的。

③高温的选择。丝胶难溶的原料,一般是指在结茧、收茧、烘茧、运输以及储藏中处理不善,丝胶变性较大,水分子难进入丝胶间隙、键联结牢固难以拆开的原料。蚕茧在仓库内随时间增长丝胶变性增多,因此,新茧与陈茧应分开精练。存放的重油原料由于堆放和保管不好,极易油渗,以致除油困难,此外,由于温湿度控制不好,重油原料受细菌腐蚀而发生油蒸,除油更困难,丝质也易被破坏。精练这类特殊的原料,必须适当提高练液温度,加大水分子的渗透能力,以利去除丝胶中的油脂。用纯碱精练除油,练液温度应在 80℃ 以上。茧丝外层丝胶含量多,在一次精练的开始阶段或两次精练的初练中可以适当提高温度,既可快速脱去一部分丝胶,缩短精练

时间,又不致损伤丝质,使脱胶均匀,提高丝色。

④低温的选用。对丝胶变性小、含油少的绢纺原料一般宜采用低温精练。如削口茧在干燥过程中不含蛹体,干燥时间短,且又不在高温高湿下干燥,丝胶变性少、含油少,未烘过的削口茧丝胶变性更小。优质长吐的丝胶变性也小,含油也少。对这些原料采用低温精练对精干绵质量有利,但需注意,脱胶到丝的内层时要考虑采取保护措施,以防损伤丝质。

(2)练液的pH值。练液的pH值的高低应根据原料的含胶与含油量多少而定。精练中,练液的pH值要保持相对稳定,并根据不同阶段的要求而加以调整。pH值过低精练时间长,除油效果差,过高易损伤丝质,浪费药品。在皂碱精练中,pH值应控制在9~11的范围之内。在酸性溶液中,pH值应控制在1.8~2.8的范围之内,应尽量控制接近于2.8,练液的pH值对丝胶溶解度的影响如表5-12所示。

表5-12 练液的pH值与丝胶溶解度的关系

温度(℃) \ 丝胶溶解度(%)	练液pH值			
	7.0	8.0	9.0	10.0
90	5.46	5.93	6.25	7.76
95	8.32	9.55	10.30	10.81

由表5-12可知,在同一温度下,随pH值的增加,丝胶的溶解度逐步增加;在同一pH值下,随温度的增加,丝胶溶解度增加很快,温度由90℃增至95℃仅相差5℃,丝胶的溶解度增加在3%以上,所以在精练工艺中,需要保留较多的残胶,在控制练液pH值时,更严格控制练液的温度。

使用不同金属的设备对丝色、丝质的影响在于:

①使用铜设备时,铜设备中铜离子的离解度对练液的pH值非常敏感,当pH=6.4时最易吸收铜离子,丝纤维吸收铜离子后,丝色发青,吸收量多时,丝色发黑。当pH=7.1时,铜离子溶出量最大,pH值在此上下溶出量减小。但当练液的pH值<4.6或pH值>8.5时,铜离子的溶出量又增大。在制订工艺时,练液的pH值应避免铜离子溶出量最大和丝纤维最易吸收铜离子的数值。

②使用铁设备时,丝纤维吸收铁离子后,易呈黄色,吸收量多呈黄褐色,铁设备在pH=5.9时在室温下也能生锈,练液中的肥皂和纯碱能使铁离子沉淀在丝纤维上生成锈斑,深井水中一般含铁离子较多,在使用前应测定其含量,不要超过使用标准。

用湖水和河水精练时,需注意腐殖酸对丝纤维的影响,水中的腐植酸是由水草腐烂而成,特别是夏天水草更易腐烂成腐殖酸,在精练中,当练液的pH=6时,腐殖酸变成有色化合物,沉积在丝纤维上形成黑色斑点。

(3)练液的时间。练液的时间与练液的温度、pH值、原料的性质及练丝的质量有关。精练的时间一般以采用低温长时间、高温短时间为好,当温度一定时,开始阶段丝胶溶解速度很快,以后逐步变缓,在93℃下经15~20min,练丝上的胶质基本脱除。再延长时间,丝胶溶解量增加不多,从保胶除油观点出发,精练的时间也应严格控制;对含油多的原料,应尽量增加低温浸泡的时间,一般浸泡时间长达2~8h,缫丝厂为使汰头容易除油和精练,在冬天的自然温度下浸泡时间长达一个月,热天在 35℃下浸泡 7 天,使脂肪大量水解,浸过的汰头称熟汰头,未浸过的称生汰头。

(4)练液的浓度。精练溶液不仅仅是水和所用助剂的混合体,水处理不善或未经处理,精练溶液中化学物质的成分和含量就不同。练液的成分包括以下几种:

①促进丝胶溶解的物质如硫酸钠、硫酸钾、重碳酸钠及硅酸钠等,促进丝胶溶解的物质含量过多,即使其他工艺参数不变,也易造成丝胶溶解量过多,降低精干绵质量。

②阻止丝胶溶解的物质,如微量的铁、铜、铅、铝、锌等重金属离子,在溶液中若有抑制丝胶溶解的物质存在时,即使用同等用量的助剂、同样的工艺参数,丝胶也较难溶解,重金属离子会阻止丝胶的溶解,严重时还会使丝素分解,强力降低,并失去良好的光泽、手感和丝鸣。

随时间的增长,练液中溶解的丝胶和蛹酸越积越多,使丝胶的溶解速度逐步减慢。这是因为练液中的丝胶与练丝上丝胶间形成动平衡的关系。蛹酸也能阻止丝胶的溶解,并影响丝色和光泽,提高练液的流速或加强丝胶的溶解。当练液中丝胶浓度较高时,有利于保护外层丝胶不致过多溶解,可使脱胶均匀。

(5)练液的浴比。浴比的大小直接影响到精干绵的残油率、残胶率、练丝的质量以及成本的高低。若单从有利于除油、残胶均匀以及丝色的良好上考虑,则浴比以大为好。但浴比过大,则水、化学助剂及蒸汽的用量就大,势必影响到练丝的除油和脱胶均匀度。

(三)后处理

精练之后的练液中,含有肥皂、纯碱、丝胶、油脂及其水解产物等各种杂质。这些物质黏附在练丝上,必须用清水洗净,使练丝色泽洁白,品质优良。否则,练丝烘干后,长期储存后易使丝色泛黄,甚至发脆。后处理的目的是进一步改善与提高练丝的质量,弥补精练加工的不足。后处理得当,则丝色好,含油少,精干绵质量高。因此,后处理好坏对精干绵的质量影响较大。精练的后处理一般包括洗涤、脱水和干燥等工序。

1. 洗涤 原料精练后,丝纤维上残留着很多练液和一些浮渣,需经洗净后烘干,供后续工序使用。

(1)温水浸洗或碱水浸洗。刚练好的原料,不宜直接用冷水洗,因为带有浮渣的练液骤然冷却,练液中的肥皂、脂肪酸以及已溶解的丝胶等会凝附到纤维上,影响练丝的品质。因此,一般精练后先用温水洗涤。有时为了进一步减少丝纤维上的含油、残胶,也可加入适量的纯碱,以提高洗涤效果,水温一般在 45～60℃。

(2)冲洗。在水洗机上,用冷水在一定水压下冲松漂洗,图 5 - 15 为圆盘式冲洗机。

由图 5 - 15 可知,圆盘式冲洗机的结构

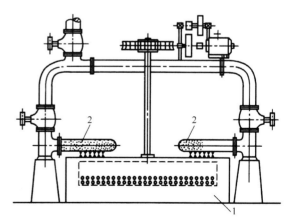

图 5 - 15 圆盘式冲洗机

1—冲洗槽 2—喷水管

由回转的圆形冲洗槽 1 及四根喷水管 2 组成。冲洗槽每转一周,用人工翻动原料一次,以使原料能充分受到冲洗。

2. 锤洗　柞蚕绢纺原料精练后,用木杵锤击,以去除原料上黏附的丝胶精练的浮渣。

锤洗机的结构如图 5-16 所示。

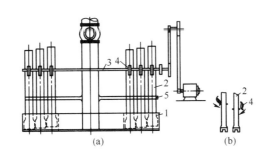

图 5-16　锤洗机

1—锤洗槽　2—木杵　3—平行横轴　4—凸轮　5—喷水管

锤洗机的主要机构为一个能转动、有栏圈的圈盘锤洗槽 1,槽底铺有带孔的木板,锤洗槽内共有 12 根木杵 2,前后两排分成 4 组。木杵用硬木料制成,下端镶有"M"形的橡胶锤头,如图 5-16(b)所示。锤击动作是由装在两根平行横轴 3 上的 12 只相位差 30°角的凸轮,两轴对应的凸轮之间又互错 15°,所以 12 根木杵能在不同时间里循环起落。锤洗时,将原料投入锤洗槽中,受木杵的轮流锤击而除去污杂。在木杵的前后装有 4 根喷水管 5,将水喷向原料。

3. 脱水　原料经水洗后,纤维中尚有较多水分,在烘干之前,应先设法去除,以提高烘干效率,节约能源。一般在离心脱水机上进行。

4. 干燥　经脱水后的原料仍很潮湿,必须进行干燥。丝纤维烘干后的回潮率一般控制在 6%～8% 的范围内。

五、精干绵残胶率确定的依据

衡量精干绵质量好坏的指标有残胶率、绢丝细度不匀、强度、烧毛洁净度、条干、千米疵点及断裂长度等指标。其中由残胶率偏低造成的问题占总量的 46%。

精干绵上的残胶率对绢丝的品质和制成率有很大影响。当残胶量过多时,练丝偏生或生熟不匀,各单丝的紧密度差,并合成绢丝的强度低。练折虽然提高了,但梳折反而降低。当残胶量过少时,练丝偏熟,单丝的硬挺性差,易产生缠结和毛绒,梳理同样易使练丝断裂,造成落绵,梳折降低,疵点增多,且要耗费大量的水、蒸汽和药品。因此,精干绵的残胶量一定要控制在一定的标准之内,且要均匀。

一般在保证梳理、纺纱顺利进行的条件下,精练后丝胶可多留一些,目前多控制在 3% 或略高,而油脂残留率一般不超过 0.3%。当精干绵的残胶率为 3% 时,残胶蛋白质分子中的肽链属于或接近伸直的 β 型结构,与丝素的结构相似,因此在单丝合并成绢丝的时候,有利于绢丝的强度。在3%的残胶中还含有较多的蜡质物和灰分,这些物质不溶于低温水中,也难溶于一般的高温水中,有利于保胶。表5-13为长吐残胶率与梳折的关系。

表5-13 长吐残胶率与梳折的关系

残胶率(%)	4.7~5.0	5~10,3.0~4.7	<3.0
绵长(cm)	>8.0	7.0~8.0	6.7~7.0
梳折(%)	43~46	42	<40

由表5-13可知,残胶率为4.7%~5.0%时,绵长最长,梳折最高。但当残胶率高于5%或低于3%时,精干绵纤维短,梳折下降。特别是当残胶率低于3%时,则梳折、绵长更低。

第五节　绢纺原料的生物精练

一、生物精练的基本原理

绢纺原料生物精练是指绢纺原料自然发酵(或腐化)精练和酶精练。这类精练方法主要是利用有利于绢纺原料精练的微生物,在生长、繁殖及新陈代谢过程中分泌的酶,使丝胶蛋白和茧丝上附着的油脂水解,再通过复练使练丝上的残胶和残油符合精练质量要求。微生物分泌的酶可将复杂的有机物质分解成简单的化合物作为营养物质被吸收到微生物体内,使其得到营养,同时吸收分解复杂有机物质时产生的热量取得生命活动所需的能量。生物精练主要有自然发酵(或腐化)精练和酶精练:自然发酵(或腐化)精练是绢纺原料直接利用微生物体水解油脂和丝胶蛋白质;酶精练是将微生物分解的酶经灭菌和提炼处理制成粉状或颗粒状的酶制剂,用酶制剂精练俗称酶精练。

二、微生物精练

(一)意义

绢纺原料投入含有有益微生物的发酵容器内,并控制好容器内溶液的温度、pH值及时间,使微生物迅速繁殖和生长,不同微生物可分泌出蛋白酶与脂肪酶,直接用于绢纺原料的脱胶和除油,通称腐化练。

(二)设备选用

对发酵容器的选用要求非常严格,采用不涂釉彩的素陶器或水泥缸,有利于微生物的繁殖和生长,抑制不利微生物的繁殖生长。若缸内杂菌太多时,要做好清洁、高温灭菌工作,一般以90℃,1h或95℃,30min处理为好。

如图5-17所示腐化缸为陶制无釉水缸,1放置在设有蒸汽管2的混凝土水槽3内,上有木盖4,以便加热和保温。

(三)工艺参数

1. 温度　温度一般夏天控制为 38～42℃,冬天控制为 41～45℃。在此温度范围内,有益的微生物繁殖量最大,分泌酶量最多。

2. 时间　时间一般控制为 40～72h 内。具体时间视原料品种、季节情况而定。时间过短,发酵不足,脱胶和除油不充分。时间过长,易遭杂菌污染,影响丝色和丝质。对重油原料适当延长时间。操作时要防止原料露出液面,并应增加翻缸次数。

3. pH 值　练液的 pH 值为 6.8～7.2,过高或过低均会影响微生物的生长发育。一般在精练开始时,练液的 pH 值控制为 8,之后随着精练过程的进行,酸性分解物不断增加,练液的 pH 值也随之下降,当降至最低值以

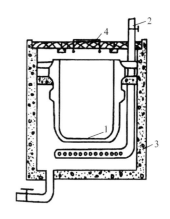

图 5-17　腐化缸
1—缸体　2—蒸汽管　3—水槽　4—木盖

下时,发酵即行停止,便可考虑出缸,以免时间过长,影响丝质和丝色。精练中如果练液 pH 值下降过快影响精练质量时,可在练液中补充纯碱,以调节练液的 pH 值,使之充分发挥微生物精练的效能。

4. 空气　用于绢纺原料精练的微生物均为好氧性微生物。在整个发酵过程中要保证微生物有足够的氧气供应,才能使它旺盛地生长和繁殖。一般常用的方法是翻缸和搅拌。当练液表面有气泡时应及时去除,以防阻止空气中的氧气进入缸内影响微生物的生长和繁殖。

5. 初练或预处理　预处理对发酵的影响极为重要。为了保住胶质,预处理的温度以低些为好,常用温度为 45～70℃,这样既可使需去除的胶质充分均匀地膨化,而又使需保留的胶质不致过分膨化阻止酶分子的进入。

6. 其他　各发酵缸里的原料量应相同。操作时要将练丝浸于液面之下。发酵缸应经常换水,以除去发酵废物,并应注意检查与调节练液的 pH 值。这些都有利于精练微生物的生长和繁殖,提高精练的质量。

为了提高发酵效果,最好将初练或预处理后练丝再行一次清洗和脱水处理,去除练丝上残留的油脂、脂肪酸、丝胶和助剂等各种杂质,同时也去除练丝上吸附的各种发酵气体,如硫化氢、氨及二氧化碳等,可提高丝质,同时改善环境,减少污染。

三、酶制剂精练

酶是具有蛋白质性质的生物催化剂,其催化能力比无机催化剂大十万倍乃至一千万倍。由于酶是生物制剂,因而精练时不需高温及大量化学助剂,不易损伤丝质。酶制剂精练在常温常压下进行,练液中加入少量化学助剂即可达到脱胶除油的要求。

原料经预处理后即开始进行酶练。酶引发和催化丝胶蛋白质和油脂分解。反应的机理是丝胶和油脂与酶结合生成中间产物,再分解出最终产物并释放出酶、恢复酶的原态。蛋白质的

分解过程为:蛋白质→蛋白胨→肽→氨基酸,氨基酸为最终产物。

油脂属于碳氢化合物,其水解的最终产物为脂肪酸和甘油,这些物质在复练时容易去除。

酶制剂精练的优点是练液温度低,节省能源,成本低,脱胶均匀,丝色好。缺点是精干绵的静电高,精练质量不稳定。因此精练时应严格控制工艺参数以克服其缺点。精练时的工艺参数主要有预处理、酶变性、酶的专一性、酶的抑制与激活作用、酶的浓度、温度、pH值等。

1. 预处理　在酶精练时为使脱胶均匀,首要的应使丝胶润湿、膨胀均匀,以利于酶蛋白进入丝胶大分子结构,充分发挥酶制剂精练的作用。因此需要预处理中的真空渗透和浸泡。

精干绵中的残胶率的多少受预处理和初练的影响很大,合则也难以发挥酶制剂的效能。特别是原料茧层厚薄相差悬殊、丝类原料中有僵条僵块时,更应加强浸泡和初练。但初练不应采用长时间高温精练,而应用低温精练,必要时还要加入渗透性能优良的表面活性剂,充分发挥酶制剂精练的特长。

2. 酶变性　酶是一种生物制剂,与蛋白质一样,在各种不良因素的影响下也会发生变性,酶变性后降低了生物活性,因此精练效果下降,影响精干绵的质量。影响酶变性的物理因子主要有热、紫外线、X射线、超声波、高压以及强烈振荡等。影响酶变性的化学因子主要有强酸、强碱、氧化剂、环境pH值以及重金属离子等。此外,还有生物因子的影响。

为防止酶的变性,在储存时一般以半年为限,并应防止日晒和受潮。在使用时,精练工艺设备、药品以及工艺参数以不损伤酶的活性为前提。

3. 酶的专一性　酶对分解对象的作用有严格的选择,一种酶只能催化特定的一类或一种物质。蛋白酶只能催化蛋白质的水解反应,脂肪酶只能催化脂肪的水解反应。合理地选择酶,对提高精练质量有利。

4. 酶的抑制与激活作用　酶在精练中的催化能力可被许多物质减弱、抑制、甚至破坏,这类物质称抑制剂。凡是能引起蛋白质变性的物理因子和化学因子都可抑制酶的催化能力,如铜、铁、汞、锌等重金属离子以及阳离子型表面活性剂等都会对酶产生抑制作用。因此精练用水、化学药品以及所用设备的材质上都要注意选择。同时,某些金属离子的存在又会加速酶的作用速度,这类对酶有活化作用的物质称为激活剂。

抑制剂与激活剂是相对的。激活剂对某一种酶而言有激活作用,但对另一种酶而言则可表现为抑制作用,成为抑制剂。对同一种酶而言,在某浓度时表现为激活剂,但超过这一浓度又可能表现为抑制剂。

5. 酶的浓度　酶的浓度对产品质量及成本有很大的影响。浓度过低,丝胶脱胶和油脂水解不完全。浓度过高,不能充分发挥酶的作用造成浪费。因此,使用酶时应取其最佳浓度。

6. 温度　在一定的温度范围内,酶练的脱胶速度随温度的增加而增加。但当温度超过一定极限时,酶即发生变性,失去其催化能力。因此酶的活性受温度影响很大。

在低温阶段,脱胶速度随温度升高而增加,酶变性少。当升至最适温度时,脱胶速度最快,再提高温度,酶变性增大,脱胶速度反而下降。

7. pH值　酶只有在一定的pH值范围内才有最大的催化能力。超出这一范围即失去活性,催化能力降低,甚至完全消失,酶的最适pH值与其属性有关。

习题

1. 解释下列概念。

茧层的缩皱、茧层的通水性、长吐、短吐、汰头、大挽手、二挽手、扯挽手、丝胶的变性、自然发酵精练、酶精练

2. 简述蚕茧的组成。

3. 以桑蚕为例，说明绢纺原料的分类。

4. 绢纺原料在储存时有哪些注意事项？

5. 简述丝素的构型。

6. 以四种丝胶论为例说明丝胶的组成与结构。

7. 影响丝胶水溶性的因素有哪些？

8. 影响丝胶变性的因素有哪些？

9. 为什么要防止绢纺原料的反复吸湿和散湿？

10. 简述蚕丝的杂质与性质。

11. 简述绢纺原料化学精练的目的、要求。

12. 简述绢纺原料化学精练的基本原理。

13. 为什么绢纺原料的脱胶主要靠水，其次才是化学助剂？

14. 精练工艺的常用助剂有哪些？各有什么作用？

15. 化学精练的工艺参数有哪些？

16. 简述皂—碱精练中肥皂和纯碱的作用。

17. 化学精练的工艺过程有哪些？各工艺过程的目的是什么？

18. 微生物精练的意义是什么？其工艺参数有哪些？

19. 简述酶制剂精练的反应机理、过程及特点。

20. 影响酶制剂精练的工艺参数有哪些？

参考文献

[1] 邵宽. 纺织加工化学[M]. 北京:中国纺织出版社,2005.

[2] 姚穆. 纺织材料学[M]. 2版. 北京:纺织工业出版社,1980.

[3] 姚穆. 纺织材料学[M]. 北京:中国纺织出版社,2009.

[4] 于伟东. 纺织材料学[M]. 北京:中国纺织出版社,2006.

[5] 刘妍. 纺织材料学[M]. 北京:中国纺织出版社,2007.

[6] 瞿才新. 纺织材料基础[M]. 北京:中国纺织出版社,2012

[7] 詹怀宇. 纤维化学与物理[M]. 北京:科学出版社,2005.

[8] 杭伟明. 纤维化学及面料[M]. 北京:中国纺织出版社,2005

[9] 董永春. 纺织助剂化学与应用[M]. 北京:中国纺织出版社,2007.

[10] 袁红萍. 纺织精细化学品[M]. 上海:东华大学出版社,2012.

[11] 刘国良. 染整助剂应用测试[M]. 北京:中国纺织出版社,2005.

[12] 罗巨涛. 染整助剂及其应用[M]. 北京:中国纺织出版社,2000.

[13] 平建明. 毛纺工程[M]. 北京:中国纺织出版社,2007.

[14] 中国纺织总会教育部. 毛纺工艺学[M]. 北京:中国纺织出版社,2007.

[15] 余平德. 毛纺生产技术275问[M]. 北京:中国纺织出版社,2007

[16] 王德骥. 苎麻纤维素化学与工艺学[M]. 北京:科学出版社,2001.

[17] 郁崇文. 苎麻纱线生产工艺与质量控制[M]. 上海:东华大学出版社,1997.

[18] 赵欣. 亚麻纺织与染整[M]. 北京:科学出版社,2007.

[19] 贾丽华. 亚麻纤维及应用[M]. 北京:化学工业出版社,2006.

[20] 史加强. 亚麻生物化学加工与染整[M]. 北京:中国纺织出版社,2005.

[21] 冯昊. 亚麻的加工利用技术[M]. 北京:科学出版社,2010.

[22] 王景葆. 黄麻纺纱[M]. 北京:中国纺织出版社,1990.

[23] 范顺高. 缫丝[M]. 2版. 北京:中国纺织出版社,1996.

[24] 王小英. 新编制丝工艺学[M]. 北京:中国纺织出版社,2001.

[25] 赵金芳. 纺纱比较教程[M]. 北京:中国纺织出版社,1994.

[26] 任家智. 纺纱工艺学[M]. 上海:东华大学出版社,2010.

[27] 吴杰. 绢麻纺概论[M]. 北京:中国纺织出版社,2001.

[28] 张幼珠. 纺织应用化学[M]. 上海:东华大学出版社,2009.

[29] 魏玉娟. 纺织应用化学[M]. 北京:中国纺织出版社,2007.

[30] 伍天荣. 纺织应用化学与实验[M]. 北京:中国纺织出版社,2007.